高职计算机专业教学改革与实践研究

胡腾波　著

U0352530

吉林人民出版社

图书在版编目（CIP）数据

高职计算机专业教学改革与实践研究 / 胡腾波著
. —长春：吉林人民出版社，2023.11

ISBN 978-7-206-20504-0

Ⅰ. ①高… Ⅱ. ①胡… Ⅲ. ①电子计算机－教学改革
－高等职业教育 Ⅳ. ①TP3

中国国家版本馆 CIP 数据核字（2023）第 246634 号

高职计算机专业教学改革与实践研究

GAOZHI JISUANJI ZHUANYE JIAOXUE GAIGE YU SHIJIAN YANJIU

著　　者：胡腾波

责任编辑：金　鑫

出版发行：吉林人民出版社（长春市人民大街 7548 号　邮政编码：130022）

印　　刷：吉林省海德堡印务有限公司

开　　本：787mm×1092mm　　1/16

印　　张：13　　　　　字　　数：176 千字

标准书号：ISBN 978-7-206-20504-0

版　　次：2024 年 4 月第 1 版　　印　　次：2024 年 4 月第 1 次印刷

定　　价：58.00 元

如发现印装质量问题，影响阅读，请与出版社联系调换。

前　言

随着社会信息化进程的加快及计算机教育事业的蓬勃发展，计算机应用已经深入各个领域，高职院校计算机基础教育事业面临新的发展机遇，能否熟练使用计算机完成办公室无纸化办公、数据处理、多媒体技术运用等，已经成为当今社会衡量高校学生综合素质的一项重要内容。高职院校的计算机基础教育对人才的培养是高等教育的重要组成部分。各行各业对计算机基本运用能力的要求越来越高，这就对高职教育中的计算机公共基础课程教学提出了更高的要求。以就业为导向，面向社会、面向市场办学是职业教育近年来改革发展的重要经验，实践性教学既是培养应用型、实用型人才的最佳途径，也是培养应用型人才的长远方向。

高职院校计算机专业的教师需要转变传统的教学模式，顺应计算机教学改革的趋势，寻找正确的方法引导学生，通过实践和坚持，让计算机专业教学能够更好地服务社会，推动社会的发展。

学习这些经验时，高职院校计算机专业的教师应做到深入领会高职教育的特点，面向实际，解放思想，锐意改革，大胆创新，只有这样才能创造出不平凡的业绩。

目　录

第一章 高职计算机专业教学培养综述

第一节 高职计算机教学培养体系

一、软件开发能力培养

（一）软件开发能力培养的概念

本课程是以培养高职学生的软件开发能力为主的理论与实践相融通的综合性训练课程。课程以软件项目开发为背景，通过与课程理论内容教学相结合的综合训练，学生能进一步理解和掌握软件开发模型、软件生存周期、软件过程等重要理论在软件项目开发过程中的意义和作用，培养高职学生按照软件工程的原理、方法、技术标准和规范进行软件开发的能力；培养学生的合作意识和团队精神；培养学生的技术文档编写能力，从而提高学生开发软件工程的综合能力。

（二）软件开发能力培养的相关理论知识

软件开发能力培养包括以下几个方面的相关理论知识。

第一，软件生存期模型。

第二，主流软件开发方法。

第三，问题的定义与系统可行性调研。

第四，系统需求分析的方法与任务。

第五，结构化需求分析的图形描述（数据流图和数据词典）。

第六，加工逻辑的描述（结构化语言、判定表、判定树）。

第七，结构化系统设计方法与任务、基本的设计策略及不同类型内聚和耦合的特点。

第八，系统结构图的基本画法及系统结构的改进原则。

第九，常用图形工具和 PDL 语言的使用。

第十，面向对象分析、面向对象设计的基本概念。

第十一，面向对象的 OMT 方法；构建对象模型图、事件跟踪图。

第十二，UML 的发展和掌握 UML 中主要模型的作用及主要模型图的画法。

第十三，类图、用例图的构建。

第十四，软件测试的常用方法。

第十五，测试用例的设计。

（三）软件开发能力培养的综合训练内容

由 2~4 名高职学生组成一个项目开发小组，选择题目进行软件设计与开发。具体训练内容：熟练掌握常用的软件分析与设计方法，至少使用一种主流开发方法构建系统的分析与设计模型；熟练运用各种计算机辅助软件工程工具绘制系统流程图、数据流图、系统结构图和功能模型；理解并掌握软件测试的概念与方法，至少学会使用一种测试方法完成测试用例的设计；分析系统的数据实体，建立系统的实体关系图，并设计出相应的数据库表或数据字典；规范地编写软件开发阶段所需的主要文档；学会使用目前流行的软件开发工具，各组独立完成所选项目的开发工作，实现项目要求的主要功能；每组提交一份课程设计报告。

二、系统集成能力培养

（一）系统集成能力培养的概念

本课程是以培养高职学生的系统集成能力为主的理论与实践相融通的综合性训练课程。课程以系统工程开发为背景，使学生进一步理解和掌握系统集成项目开发的过程、方法，培养学生按照系统工程的原理、方法、技术、标准和规范进行系统集成项目开发的能力；培养学生的合作意识和团队精神；培养学生的技术文档编写能力，从而提高学生的系统工程的综合能力。

（二）系统集成能力培养的相关理论知识

系统集成能力培养包括以下几个方面的相关理论知识。

第一，网络基本原理。

第二，网络应用技术。

第三，系统工程中的网络设备的工作原理和工作方法。

第四，系统集成工程中的网络设备的配置、管理、维护方法。

第五，计算机硬件的基本工作原理和编程技术。

第六，系统集成的组网方案。

第七，综合布线系统。

第八，故障检测和排除。

第九，网络安全技术。

第十，应用服务子系统的工作原理和配置方法。

（三）系统集成能力培养的综合训练内容

本综合课程要求高职学生结合企业实际的系统集成项目完成实际管理，并加强综合集成能力。由 2～4 名学生组成一个项目开发小组，结合企业的实际情况完成以下内容。

第一，网络原理和网络工程基础知识的培训和现场参观。

第二，网络设备的配置管理。

第三，综合布线系统。

第四，远程接入网配置。

第五，计算机操作系统管理。

第六，计算机硬件管理和监控。

第七，外联网互联。

第八，故障检测与排除。

第九，网络工程与企业网设计。

第十，规范地编写系统集成各阶段所需的文档（投标书、可行性研究报告、系统需求说明书、网络设计说明书、用户手册、网络工程开发总结报告等）。

第十一，每组提交一份综合课程训练报告。

三、信息技术应用能力（软件测试）培养

（一）信息技术应用能力（软件测试）培养的概念

本课程是以培养高职学生的软件测试能力为主的理论与实践相融通的综合性训练课程。课程以软件测试项目开发为背景，使学生深刻理解软件测试思想和基本理论；熟悉多种软件的测试方法、相关技术和软件测试过程；能够熟练编写测试计划、测试用例、测试报告，并熟悉几种自动化测试工具，从工程化角度培养和提高学生的软件测试能力；培养学生的合作意识和团队精神；培养学生的技术文档编写能力，从而提高学生的软件测试的综合能力。

（二）信息技术应用能力（软件测试）培养的相关理论知识

信息技术应用能力（软件测试）包括以下几个方面的相关理论知识。

第一，软件测试理论基础。

第二，测试计划。

第三，测试方法及流程。

第四，软件测试过程。

第五，代码检查和评审。

第六，覆盖率和功能测试。

第七，单元测试和集成测试。

第八，系统测试。

第九，软件性能测试和可靠性测试。

第十，面向对象软件测试。

第十一，网络应用测试。

第十二，软件测试自动化。

第十三，软件测试过程管理。

第十四，软件测试的标准和文档。

（三）信息技术应用能力（软件测试）培养的综合训练内容

由 2～4 名高职学生组成一个项目开发小组，选择题目进行软件测试。具体训练内容包括以下几个方面。

第一，理解并掌握软件测试的概念与方法。

第二，掌握软件功能需求分析、测试环境需求分析、测试资源需求分析等基本分析方法，并撰写相应文档。

第三，根据实际项目需要编写测试计划。

第四，根据项目具体要求完成测试设计，针对不同测试单元完成测试用例编写和测试场景设计。

第五，根据不同软件产品的要求完成测试环境的搭建。

第六，完成软件测试各阶段文档的撰写，主要包括测试计划文档、测试用例规格文档、测试过程规格文档、测试记录报告、测试分析及总结报告等。

第七，利用目前流行的测试工具实现测试的执行和测试记录。

第八，每组提交一份综合课程训练报告。

四、计算机工程能力培养

（一）计算机工程能力培养的概念

本课程要求高职学生结合计算机工程方向的知识领域设计和构建计算机系统，包括硬件、软件和通信技术，能参与设计小型计算机工程项目，完成实际开发、管理与维护。高职学生在该综合实践课程上要学习计算机、通信系统、含有计算机设备的数字硬件系统设计，并掌握基于这些设备的软件开发。综合训练课程能够培养高职学生以下几个方面的素质能力。

（1）系统级实践能力

熟悉计算机系统原理、系统硬件和软件的设计、系统构造和分析过程，要理解系统如何运行，而不是仅仅知道系统能做什么和使用方法等外部特性。

（2）设计能力

高职学生应经历一个完整的设计过程，包括硬件和软件的内容。

（3）工具使用能力

高职学生应能够使用各种基于计算机的工具、实验室工具来分析和设计计算机系统，包括软件和硬件。

（4）团队沟通能力

高职学生应团结协作，以恰当的形式（书面、口头、图形）来交流工作，并能对组员的工作作出评价，建议本训练课程在四周内完成。

（二）计算机工程能力培养的相关理论知识

计算机工程能力培养包括以下几个方面的相关理论知识。

第一，计算机体系结构与组织的基本理论。

第二，电路分析、模拟数字电路技术的基本理论。

第三，计算机硬件技术（计算机原理、微机原理与接口、嵌入式系统）的基本理论。

第四，汇编语言程序设计基础知识。

第五，嵌入式操作系统的基本知识。

第六，网络环境及 TCP/IP 协议栈。

第七，网络环境下数据信息存储。

（三）计算机工程能力培养的综合训练内容

综合实践课程将对计算机工程所涉及的基础理论、应用技术进行综合讲授，使高职学生结合实际网络环境和现有实验设备掌握计算机硬件技术的设计与实现；可以完成如汇编语言程序设计的计算机底层编程，并能按照软件工程学思想进行软件程序开发、数据库设计；能够基于网络环境及 TCP/IP 协议栈进行信息传输，排查网络故障。

由 3～4 名高职学生组成一个项目开发小组，结合实际应用情况进行设计，具体训练内容包括以下几个方面。

第一，基于常用的综合实验平台完成计算机基本功能的设计，并与

PC 进行网络通信，实现信息（机器代码）传输。

第二，对计算机硬件进行管理和监控。

第三，熟悉常用的实验模拟器及嵌入式开发环境。

第四，至少完成一个基于嵌入式操作系统的应用，如网络摄像头应用设计等。

第五，对网络摄像头采集的视频信息进行传输、压缩（可选）。

第六，对网络环境进行常规管理，即对网络操作系统的管理与维护。

第七，每组需提交系统需求说明书、系统设计报告和综合课程训练报告。

五、项目管理综合能力培养

（一）项目管理综合能力培养的概念

本课程是以培养高职学生项目管理综合能力为主的理论与实践相融通的综合训练课程。课程以实际企业的软件项目开发为背景，使高职学生体验项目管理的内容与过程，培养学生在实际工作中参与项目管理与实施的应对能力。

（二）项目管理综合能力培养的相关理论知识

第一，项目管理的知识体系及项目管理过程。

第二，合同管理和需求管理的内容、控制需求的方法。

第三，任务分解方法和过程。

第四，成本估算过程及控制、成本估算方法及误差度。

第五，项目进度估算方法、项目进度计划的编制方法。

第六，质量控制技术、质量计划制订。

第七，软件项目配置管理（配置计划的制订、配置状态统计、配置审计、配置管理中的度量）。

第八，项目风险管理（风险管理计划的编制、风险识别）。

第九，项目集成管理（集成管理计划的编制）。

第十，项目团队与沟通管理。

第十一，项目的跟踪、控制与项目评审。

第十二，项目结束计划的编制。

（三）项目管理综合能力培养的综合训练内容

选择一个高职学生能够理解的中小型业务逻辑系统作为背景进行项目管理训练，可由 2～3 人组成一个项目小组，并任命项目经理。具体训练内容包括以下几个方面。

第一，根据系统涉及的内容撰写项目标书。

第二，通过与用户（可以是指导教师或企业技术人员）沟通，完成项目合同书、需求规格说明书的编制；进行确定评审；负责需求变更控制。

第三，学会从实际项目中分解任务，并符合任务分解的要求。

第四，在正确分解项目任务的基础上，按照软件工程师的平均成本、平均开发进度，估算项目的规模和成本、编制项目进度计划，利用 Project 绘制甘特图。

第五，在项目进度计划的基础上，利用测试和评审两种方式编制质量管理计划。

第六，学会使用 Source Safe，掌握版本控制技能。

第七，通过项目集成管理能够将前期的各项计划集成在一个综合计划中。

第八，能够针对需求对管理计划、进度计划、成本计划、质量计划、风险控制计划进行评估，检查计划的执行效果。

第九，能够针对项目的内容，编写项目验收计划和验收报告。

第十，规范地编写项目管理所需的主要文档：项目标书、项目合同书、项目管理总结报告。

第十一，每组提交一份综合课程训练报告。

第二节 高职计算机学生培养方向

一、高职院校教育人才培养的共同特征

（一）适应经济发展，培养急需人才

科学技术发展、产业结构调整、经济发展转型、劳动组织形态变革等，使经济建设和社会发展对人力资源的需求呈多样化状态，我国经济社会发展急需大量的高职人才。因此，高职教育必须适应经济社会发展，为行业、企业培养各类急需人才。

（二）学科、产学研两个基础相互融通、结合

"学科"在教育的专业建设与人才培养中起着非常重要的作用。由培养目标决定的高职院校教育的理论课程应具有一定的系统性、完整性。因此，高职院校教育是以学科为基础的，但理论知识的系统性与学术水平指向以应用为目的的学科体系，以对学生能力培养起到理论支撑作用。因此，在高职院校建设中，既要重视专业建设，又要重视学科建设；既要重视专业教师队伍的建设，又要重视学科团队的建设；要努力开展科学研究、技术创新和各类学术活动。

同时，产学合作、产学研结合是高职院校人才培养的又一基础和必然途径。高职院校注重产学研相结合、产学合作教育和在实践中培养学生的应用能力；紧密依托行业、企业和当地政府，建立高职院校和产业界互利互惠合作的机制，研究和实践各种产学合作教育形式；充分利用企业的人才、管理、设备与技术优势，建立产学合作的企业实习基地、培训中心和产学研相结合的研究基地；开展应用型科研，解决生产中的实际问题，为区域经济发展作贡献，进一步推动产业发展。

学科、产学研两个基础相互融通、结合就形成了高职院校教育的基本特征。学术研究要注重承担来自生产服务第一线的应用型课题以及来自行业、企业的横向课题；学术研究的形式应以产学研相结合为主。应用型高职院校的教授应善于解决行业、企业的技术难题，主动为生产第

一线提供服务；应用型高职院校的教授也应是技术开发和技术创新的高手，在推动地方或行业经济发展中起重要作用。

（三）人才培养性质以专业教育为主

现代高职院校人才所具备的能力应是与将要从事的应用型工作相关的综合性应用能力，即集理论知识、专项技能、基本素质于一体，解决实际问题的能力，这种能力培养的主要途径是专业教育。以能力培养为核心的专业教育体现在三个层面：第一，坚持"面向应用"建设专业，依据地方经济社会发展提炼产业、行业需求，形成专业结构体系；第二，坚持"以能力培养为核心"设计课程，课程体系、课程内容、课程形式的设计和构架都要以综合性应用能力培养为轴心，且打破理论先于实践的传统课程设计思路；第三，贯彻"做中学"的教学理念，要确立教学过程中高职学生的主体地位，高职学生要亲自动手实践，通过在工作场所中学习掌握实际工作技能，培养职业素养。

二、构建具有特色的高职院校教育人才培养模式

（一）培养目标满足就业需要

培养目标是人才培养模式的核心要素，也是决定教育类型的重要特征体现，还是人才培养活动的起点和归宿，更是开放的区域经济与社会发展对新的人才的需求，因此要做到：立足地方、为地方服务为主。专业设置和培养目标的制定要进行详细的市场调查和论证，既要有针对性，使培养的人才符合需要，也要具有一定的前瞻性和持续性，避免随着市场变化频繁调整。高职院校教育与学术性教育的根本区别在于培养目标的不同，明确高职院校教育培养目标是培养应用型人才的首要且关键任务，其内容主要有两方面：一方面是要明确这类教育要培养什么样的人，即人才培养类型的指向定位；另一方面是要明确这类人才的基本规格和质量。

确定高职院校教育培养目标的出发点是根据区域经济和社会发展对人才需求的新趋势。一方面，科技发展推动了职业岗位知识和技术含量的提升，对人才的学历要求随之提升；另一方面，科技发展和市场经济

转型催生出了新的职业岗位，特别是复合型职业岗位的大量出现，对一线工作的人才需求越来越多。这类满足社会经济发展需要的，在生产、建设、管理、服务第一线工作的高级应用型专门人才是高职院校教育培养目标的类型定位。

（二）专业课程应用导向、学科支撑、能力本位

1. 以应用为导向

"以应用为导向"就是以需求为导向，以市场为导向，以就业为导向。"应用"是在对专业课程高度概括的基础上，考虑技术、市场的发展以及高职学生自身的发展可能产生的新需求，而形成的面向专业的教育教学需求。在高职院校教育中，"应用"的导向表现在五个方面。第一，专业设置面向区域和地方（行业）经济社会发展的人才需求，尤其是对一线人才的需求；第二，培养目标定位和规格确定满足用人部门需求；第三，课程设计以应用能力为起点，将应用能力的特征指标转换成教学内容；第四，设计以培养综合应用能力为目标的综合性课程，使课程体系和课程内容与实际应用较好衔接；第五，教学过程设计、教学法和考核方法的选择要以掌握应用能力为标准。

2. 以学科为支撑

"以学科为支撑"是指学科是专业建设的基础，起支撑作用，专业要依托学科进行建设。学科支撑在专业建设与人才培养中体现在四个方面。第一，以应用型学科为基础的课程建设开发了以应用理论为基础的专业课程；第二，以应用型学科为基础的教学资源建设为理论课程提供了应用案例的支撑，为综合性课程提供了实践项目或实际任务的支撑，为毕业设计与因材施教提供了应用研究课题和环境的支撑；第三，引领专业发展，从学科前沿对应用引领作用的角度，为专业发展提供了新的应用方向；第四，为产学合作创设互利的基础与环境，通过解决生产难题、开发创新技术，以应用型学科建设的实力为行业、企业服务。

3. 以应用能力培养为核心

"以应用能力培养为核心"是构建高职院校人才培养模式的原则，既是应用型专业建设的理念，也是处理实际问题的原则。面向应用和依

托学科是构建高职院校人才培养模式必须同时遵循的两个重要原则，但在实际中，由于学制范围相对固定，如何协调二者关系，做到既突出面向应用，又强调依托学科，往往成为制定人才培养方案的难点和关键点。"以应用能力培养为核心"主要体现在以下方面。

（1）建设好支持应用能力培养的公共基础和专业基础课程平台

应用型教育的学科指应用型学科，应建构一组具有应用型教育特色的学科基础课程，它们可能与传统的课程名称相同，但课程内容应遵循应用型学科的逻辑。在此基础上还可以针对不同专业学科门类，进一步建构模块化的应用型学科基础课程体系。

（2）将应用能力培养贯穿于专业教学过程

应用能力指雇主需要的能力、学生生涯发展的能力等，能力培养要遵循"理论是实践的背景"和"做中学"的教育理念，将应用能力培养贯穿专业教学全过程。

（3）按理论与实践相融合的应用型课程原则设计好专业课程

改革课程设计思想和教学法，整合课程体系，设计课程内容，构建新的课程形式，使理论与实践相融合，实现应用导向和学科依托在课程设计中目标指向一致。

（4）全面职业素质教育是重要方面

专业教育是针对社会分工的教育，以实现人的社会价值为取向；通识教育注重培养高职学生的科学与人文素质，拓展人的思维方式。高职院校教育具有专业教育性质，应更多考虑生产服务一线的实际要求，突出应用能力的培养。同时，也要注重培养学生的职业道德和人格品质，使学生成为高素质的应用型人才，素质的获取是贯穿整个人才培养的过程。

4．坚持课程建设改革创新

高职院校教学改革必须坚持课程建设改革与创新。高职院校教育的课程从性质上大体可以分为三类：理论课程、实践课程、理论—实践一体化课程（也称为综合性课程）。

实践课程包括实验、试验、实习、训练、课程设计、毕业设计等多个具体的教学环节。每个环节对高职学生培养的目的不同，如实验侧重验证和加强理论知识的掌握，培养学生的研究、设计能力；训练是一种规范地掌握技术的实践教学环节。学术性高等教育更重视实验，实验教学是主要的实践教学内容，而高职院校教育的实践教学呈多样化状态，尤其要重视训练环节，包括技术训练、工程训练等，以提高学生的实际应用能力。

现实工作中遇到的问题往往是综合性的，因此综合应用能力是应用型人才必备的重要能力。高职院校教育在人才培养过程中需要开设基于综合应用能力和综合职业素质培养的综合性课程。这种综合性课程的内涵体现在六个方面。第一，综合性课程教学方案需要校企合作共同设计，达到企业现行技术和相应综合应用能力的需求；第二，综合性课程要以提高高职学生的综合应用能力为核心，以提高高职学生的实践能力和分析、解决问题的能力为出发点；第三，要力争在真实环境中实施综合性课程教学，或者在仿真环境的校内实践教学基地实施，以使高职学生顺利适应从学校到工作环境的转变，能够很快进入工作状态；第四，要开发出反映企业主流技术的典型综合性项目和相关教学方案，建设开发运用综合性课程教材、实践指导书等教学资源；第五，综合性课程以项目式教学为主，更多地引入来自行业、企业的真实项目；第六，综合性课程强调"教学做"合一的教学模式。

高职院校教育的理论课程在名称上与学术性教育的理论课程可能相同或相近，但内容和重点有所不同，需要进行课程改革。在课程性质上，实践训练课程、理论—实践一体化课程与高职相近，但课程目标、内容、难度等方面应有较大提升，为适应高职院校学科的培养目标，高职院校教育需要进行课程创新。

5. 教学过程启发式、做中学

适应高职院校教育、改革教学方法是实现课程目标和激发高职学生学习积极性的重要举措。知识传授是教学的重要内容，因此传统的讲授法依然占据重要地位，但是在知识的传授中要强调采用"启发式"的教学法，以引导高职学生思考问题，主动学习。同时，高职院校教育主要强调对实际工作的适应性和创造性，强调实际工作平台上的经验、技能和知识的协调统一性，培养重点在于应用能力和建构能力的提升。

"启发式"和"行动导向"的教学法是高职院校教育采用的主要教学方法。高职院校在理论课程教学中应改变单纯传授式的教学方法，采用"启发式"的教学法，从案例入手，从问题出发讲授理论知识，采用讨论式的教学，引导学生思考问题，使学生学会解决问题的逻辑过程和思维方式。"行动导向"教学法强调教学活动中由师生共同确定的实践教学行动引导教学过程，学生通过主动参与式的学习达到应用能力的提高。项目教学、模拟教学、基于问题的教学、基于现场的教学等都是体现"做中学"理念并经实践证明比较成功的教学方法的改革方向。

6. 加强对应用能力的评价与考核

以能力培养为核心的高职院校教育需从全面考评学生知识、能力和素质出发，进行考核方式、方法的改革，注重对学生学习过程的评价，把过程评价作为评定课程成绩的重要部分；同时要采用多种考核方式，如实习报告、调研报告、企业评定、证书置换、口试答辩等综合能力考核方式，配合书面考试，使考试能确实促进教学质量的提高和应用型人才的成长。

7. 激励人人成才

高职院校人才培养模式构架中很重要的一点是如何看待高职学生，即高职院校教育的学生观。高职院校教育要树立大众化高等教育阶段"激励人人成才，培育专业精英"的学生观，要把有不同人生目标、不同志趣的学生培养成适应不同岗位工作的应用型专门人才，指导高职院校教育的育人工作。

8. 设置新的高职院校教师标准

学术性教育强调学科教育。分析课程和教学是学术性教育的重要内容，也是科学研究所需要的基本能力。因此，学术性教育的教师标准比较单一，比如要求博士学位，有实验能力、科研能力等。

高职院校教育的课程设置呈多元化，往往更强调综合性教学和理论—实践一体化课程、训练性课程等，因此高职院校教师标准与能力要求和课程设置一样，也呈多元化趋势。

其教学团队往往既包括能从事学术性教育的教师，也包括具有行业企业等实际工作经验的教师，尤其是对骨干教师的个人能力而言，要求教师具有与培养目标和规格相一致的能力。例如，对于工科专业来说，工程师的能力是教师的必备能力，不仅要求教师具有工程策划和研究能力，更要求教师具有与培养目标相一致的工程实施和评价能力。因此，针对高职院校教育的特点，设置新的教师标准十分必要。

第三节　高职计算机学生培养目标

对计算机人才的需求是由社会发展大环境决定的，我国的信息化进程对计算机人才的需求产生了重要的影响。信息化发展必然需要大量计算机人才参与信息化队伍建设。因此，计算机专业应用型人才的培养目标和人才规范的制定必须与社会的需求和我国信息化进程结合起来。

一、信息社会对高职计算机专业人才的需求

由于信息化进程的推进及发展，计算机学科已经成为一门基础技术学科，在科技发展中占有重要地位。计算机技术已经成为信息化建设的核心技术和一项广泛应用的技术，在人类的生产和生活中占有重要地位。社会的高需求和学科的高速发展反映了计算机专业人才的社会广泛需求的现实和趋势。通过对我国若干企业和研究单位的调查，信息社会对计算机及其相关领域应用型人才的需求如下。

（一）计算机应用型人才的培养应与社会需求的金字塔结构相一致

国家和社会对计算机专业人才需求，必然与国家信息化的目标、进程密切相关。高职计算机专业毕业生就业出现困难，高职计算机人才培养就应当呈金字塔结构。在这种结构中，研究型的专门人才主要从事计算机基础理论、新一代计算机及其软件核心技术与产品等方面的研究工作，对他们的基本要求是创新意识和创新能力；工程型的专门人才应主

要从事计算机软硬件产品的工程性开发和实现工作，对他们的主要要求是技术原理的熟练应用（包括创造性应用）、性能等诸多因素和代价之间的权衡、职业道德、社会责任感、团队精神等。金字塔结构中应用型（信息化类型）的专门人才应主要从事企业与政府信息系统的建设、管理、运行、维护的技术工作以及在计算机与软件企业中从事系统集成或售前售后服务的技术工作，对他们的要求是熟悉多种计算机软硬件系统的工作原理，能够从技术上实施信息化系统的构成和配置。

与社会需求的金字塔结构相匹配，才能提高金字塔各个层次高职学生的就业率，满足社会需求，降低企业的再培养成本。信息社会大量需要的是处在生产第一线的编程人员，占总人数的 60%～70%；中间层是从事软件设计、测试设计的人员，占总人数的 20%～30%；处在最顶端的是系统分析人员，占总人数的 10%。

由此可见，高职计算机专业对计算机应用型人才的培养力度还需要加强。对于人才专门培养正是高职计算机专业教育的培养目标。其市场需求可以分为两大类：一类是政府与一般企业对人才的需求，另一类是计算机软硬件企业对人才的需求。

（二）信息化社会对研究型人才和工程型人才的需求

从国家的根本利益考虑，必然要有一支计算机基础理论与核心技术的创新研究队伍，这就需要高职院校计算机专业培养相应的研究型人才，而国内的大部分 IT 企业都把满足国家信息化的需求作为本企业产品的主要发展方向，这些用人单位需要高职院校计算机专业培养的是工程型人才。

（三）计算机市场对应用型计算机人才的需求

计算机市场由硬件、软件和信息服务市场构成。其中，计算机硬件市场由主机、外部设备、应用产品、网络产品和零配件及耗材市场五部分构成；软件市场由平台软件、中间软件和应用软件三部分构成；信息服务市场由软件支持与服务、硬件支持与服务、专业服务和网络服务四部分构成。计算机人才的培养层次结构、就业去向、能力与素质等方面的具体要求应符合计算机市场的需求。

（四）信息社会对复合型计算机人才的需求

在当今高度信息化的社会中，经济社会的发展对计算机专业人才需求量最大的是复合型计算机人才。对于复合型计算机人才的培养，一方面要求高职学生具有很强的专业工程实践能力；另一方面要求其知识结构具有"复合性"，即能体现出计算机专业与其他专业领域相关学科的复合。例如，计算机人才通过第二学位的学习或对所应用的专业领域的学习，具备了计算机和所应用的专业领域知识，从而变成复合型应用人才。

（五）对计算机人才的素质教育需求

企业对素质的认识与目前高职院校通行的素质教育在内涵上有较大的差异。以自主学习能力为代表的发展潜力是用人单位最关注的素质之一。企业要求人才能够学习他人长处，增强个人能力和素质。

（六）信息社会需要培养出能够理论联系实际的人才

当前，高职学生的实际动手能力亟待提高，只有培养能够理论联系实际的人才，才能有效地满足社会的需求。为了适应信息技术的飞速发展，更有效地培养一批符合社会需求的计算机人才，全方位地加强高职院校计算机师资队伍建设刻不容缓。

二、高职计算机专业培养目标和人才规格

（一）人才培养目标

计算机科学与技术专业应用型人才的培养目标：本专业培养面向社会发展和经济建设事业第一线需要的，德、智、体、美、劳全面发展，知识、能力、素质协调统一，具有解决计算机应用领域实际问题能力的高级应用型专门人才。

本专业培养的高职学生应具有一定的独立获取知识和综合运用知识的能力，较强的计算机应用能力、软件开发能力、软件工程能力、计算机工程能力，能在计算机应用领域从事软件开发、数据库应用、系统集成、软件测试、软硬件产品技术支持和信息服务等方面的技术工作。

（二）人才培养规格

高职院校侧重培养技术型人才，因此，计算机专业下设计算机工程、软件工程和信息技术三个专业方向。

该专业培养的人才应具有计算机科学与技术专业基本知识、基本理论和较强的专业应用能力以及良好的职业素质。

三、高职计算机能力需求层次、方向模型

对计算机专业人才能力培养目标的设定，需要以人才能力需求的层次作为基础依据，人才能力需求层次又将决定专业方向模型，且任何能力都可以由能力的分解构成，其设定在很大程度上影响着对人才的培养。教育的培养要求是使高职学生毕业时具有独立工作能力，即高职院校在进行人才培养前，首先应对人才市场需求进行分析，依据市场确定人才所需要的能力。高职教育应将能力培养渗透课程模式的各个环节，以学科知识为基础，以工作过程性知识为重点，以素质教育为取向。

在计算机人才的金字塔结构中，最上层的研究型人才注重理论研究；而从事工程型工作的人才注重工程开发与实现；从事应用型工作的人才更注重软件支持与服务、硬件支持与服务、专业服务、网络服务、网络系统技术实现、信息安全保障、信息系统工程监理、信息系统运行维护等技术工作。结合高职院校的特点，人才能力需求层次的划分应涉及工程型工作的部分内容和应用型工作的全部内容，其层次分为获取知识的能力、基本学科能力、系统能力和创新能力。

对高职院校毕业生最基本的要求是获取知识的能力，其中自学能力、信息获取能力、表达和沟通能力都不可缺少，这也是成为"人才"的最基本条件。高职院校在制订教学计划时，更应该注重高职学生基本学科能力培养的体现，这是不同专业教学计划的重要体现。基本学科能力中的内容已是在较高层面上的归纳，对基本学科能力的培养，要由特色明显的系列课程实现应用型人才所具备的能力和素质培养。

之所以将系统能力作为人才能力需求的一个层次划分，是因为系统能力代表着更高一级的能力水平，这是由计算机学科发展决定的。计算

机应用现已从单一具体问题求解发展到对一类问题求解，正是这个原因，计算机市场更渴望高职学生拥有系统能力，这里包括系统眼光、系统观念、不同级别的抽象等能力。需要指出的是，基本学科能力是系统能力的基础，系统能力要求工作人员从全局出发看问题、分析问题和解决问题。系统设计的方法有很多种，常用的有自底向上、自顶向下、分治法、模块法等。以自顶向下的基本思想为例，这是系统设计的重要思想之一，让高职学生分层次考虑问题、逐步求精；鼓励高职学生由简到繁，实现较复杂的程序设计；结合知识领域内容的教学工作，指导高职学生在学习实践过程中把握系统的总体结构，努力提升高职学生的眼光，实现让高职学生从系统级上对算法和程序进行再认识。

创新能力来自不断发问的能力和坚持不懈的精神。创新能力是在一定知识积累和开发管理经验的基础上，通过实践、启发而得到的，创新最关键的条件是要解放自己，因为一切创造力都根源于人潜在能力的发挥，所以创新能力是在获得知识能力、基本学科能力、系统能力之上。

第二章　计算思维与高职计算机基础教学

第一节　构建新型高职计算机基础课堂教学体系

计算思维是一种方法论的思维，是人人都应掌握和必备的思维能力，应使其真正融入人类活动的整体之中，成为协助人类解决问题的有效工具。高职计算机基础教学是以提高高职学生综合实践能力和创新能力，培养复合型创新人才为目标的。那么，它就应义不容辞地承担着培养高职学生计算思维能力的重任。高职院校计算机基础课程教学指导委员会提出了要"分类分步骤逐步推进改革"的指导思想，并将相应的改革策略集中于内容重组式、方法推动式和全面更新式。

一、以计算思维能力培养为核心的高职计算机基础理论教学体系

（一）教学理念

教学理念包括四个方面的能力培养目标：对计算机科学的认知能力；基于网络环境的学习能力；运用计算机解决实际问题的能力；依托信息科学技术的共处能力。高职计算机基础教学应注重对高职学生综合素质和创新能力的培养，不仅要为高职学生提供解决问题的手段与方法，还要为高职学生输入科学有效的思维方式。因此，计算机基础理论教学的重心由"知识和技能掌握"逐渐向"计算思维能力培养"转变，通过潜移默化的方式培养高职学生运用计算机科学的思维与方法分析和解决专业问题，逐步提高高职学生的信息素养和创新能力。

（二）课程体系

1. 课程定位

高职计算机基础课程不仅是高职院校的公共基础课程，更是与数学、物理同样重要的国家基础课程。不仅国家、高职院校、教师要提高对高职计算机基础课程的认识，每个学生更要真正认可这种课程定位，并加以重视。

2. 课程内容

高职计算机基础课程承担着培养高职学生计算思维能力的重任，所以课程内容不仅要包含计算机科学的基础知识与常用应用技能，更应强调计算机科学的基本概念、思想和方法，注重培养学生用计算思维方式与方法解决学科中的实际问题，提高学生的应用能力和创新能力。

应根据全新的高职计算机基础教学理念组织和归纳知识单元，梳理出计算思维教学内容的主体结构。教学内容要强调启发性和探索性，突出引导性，激发高职学生的思考，实现将知识的传授转变为基于知识的思维与方法的传授，逐步引导学生建构基于计算思维的知识结构体系。教学内容要强调实用性和综合性，设计贴近生活并采用具有实际操作性的教学案例，引导学生自主学习与思考，体会问题解决中所蕴含的计算思维与方法，并逐步内化为自身的一种能力。课程内容要保持先进性，将计算机学科的最新成果及时融入教材中，引导学生关注学科的发展方向。

（1）调整与整合课程内容

重新规划和整合高职计算机基础课程体系，在计算机组成原理、数据结构、数据库技术与应用等主干课程中增加具有计算思维特征的核心知识内容。在课程内容组织中，适当增加一些"问题分析与求解"方面的知识，通过对计算机领域的一些经典问题的分析和求解过程的详细讲授培养高职学生的计算思维能力。此外，以典型案例为主线组织知识点，并将案例所蕴含的思维与方法渗透其中，以此培养学生的计算思维能力。

（2）设置层次递进型课程结构

高职计算机基础课程体系以培养高职学生计算思维能力和基本信息素养为核心目标，包含必修、核心、选修三层依次递进的课程，是一个从计算机基本理论和基本操作到计算机与专业应用相结合、从简单计算环境认识到复杂问题求解思维形成的完整课程体系。

科学合理的课程结构设置对高职学生建构良好知识体系具有重要意义。可以在整个高职计算机基础教学期间采用层次递进、循序渐进的课程设置方式。在一年级开设计算机基础类课程，帮助学生初步认识和了解计算机学科；在二年级与三年级开设计算机通识类课程（如图形处理、网页制作等）加深学生的认识，引发学习的兴趣。

（3）计算机基础课程与专业课程相融合

高职计算机基础课程的教学目标是培养高职学生的计算思维能力，使其能利用计算机科学的思想和方法去解决专业问题，所以高职计算机基础课程教学的最终落脚点是为学生的专业教育服务。促进高职计算机基础课程与专业课程的整合与协调，实现高职计算机基础教育向专业教育靠拢，具体措施有：将全校专业按专业属性划分类别，例如文史类、理工类、艺术类等，并根据专业类别特点制订不同的教学计划；根据高职教师的专业方向和兴趣爱好，建立不同专业的高职计算机基础教学教师团队，要求高职教师在教学中，要充分考虑学生的专业需求，选择与学生专业相关的教学内容。

（三）教学模式

高职计算思维能力是基于计算机科学基本概念、思想、方法上的应用能力和应用创新能力的综合，不仅能够运用计算机科学的思维方式和方法分析、解决问题，而且还能运用其进行开拓创新型研究。对于非计算机专业的高职学生来说，计算思维能力培养的重点是采取怎样的策略能促进学生理解计算思维的本质并将其内化于思维之中，进而形成计算思维。

1. 分类教学模式

分类教学模式是以专业属性特点为整合依据，将所有专业划分为几个大类别，如理工类、文史类、管理类、艺术类等，按类别分别构建计算机基础课程体系，同时按类别分别实施不同的教学方法和灵活安排不同的教学策略。在教材编写上，可以进行分类设计，并对各个章节进行分类编写，以满足高职学生的不同专业需求。在教学活动的开展上，分类制定教学目标，分类设计教学大纲，并根据各类专业学习的不同需求，选择与专业类别相符的教学内容、实验内容以及技能训练，逐步提高学生计算机学习和专业应用相结合的能力。

2. 多样化的教学组织形式

除采用传统的课堂授课形式外，还可采用专题、研讨以及定期交流等不同形式给高职学生讲授知识。应在教学的各个环节中有意识地融入思维训练，实现专业知识和计算思维能力相互促进与提高，不断提升学生的应用能力和应用创新能力。

3. 以学生自主学习为主的教学

随着计算机技术的高速发展和快速普及，高职计算机基础理论教学内容涉及的领域也越来越广，知识点多而烦琐，加上师资力量、配套设施以及授课时间等限制，有必要将一些基础常识性知识交给高职学生自主学习，这样不仅能够节省教学时间，提高教学效率，而且能够激发学生学习的积极性。高职院校应加强网络教学资源平台建设和课程内容改革，完善学生自主学习的环境。

将高职计算机基础课程与专业学习紧密结合，将课程作业转化为专业任务，激发高职学生学习动机。建立高职教师辅导机制和全方位的自我监控学习，帮助学生查漏补缺，通过完成任务，在提高学生兴趣和自信心的同时，还提高了学生的学习自主性。

（四）教学方法

1. 案例教学法

案例教学法能够激发高职学生的学习兴趣，促进学生积极思考并提出问题。将案例教学法引入计算机基础课程教学中，用源自社会、生活、经济等领域的典型案例调动学生的积极性，将案例与知识点相结合，深化学生对知识点的理解和掌握。教学案例在体现计算思维的基础上，应与学生的专业相联系，要明确计算思维和专业应用的关系。案例教学强调通过师生讨论问题，引导学生自主思考、归纳和总结，并且要有意识地训练学生的思维，让学生体会和理解如何用计算机科学的思维和方式去解决专业问题，进而培养学生的计算思维能力。

将典型案例引入课堂教学中，可以调动高职学生自主学习的积极性，激发学生的创造性思维，提高学生独立思考的能力和判断力。同时，各种案例还可以让学生感受到知识中所蕴含的思维与方法之美妙，将知识化繁为简，帮助学生深入认识知识之间的内在规律性和相互关联性，在头脑中形成稳定而系统的知识结构体系。

案例教学法以培养高职学生的计算思维能力为目标，选择合适的教学案例则为关键，具体操作流程：第一，在教学中通过恰当的方式引入问题；第二，引导学生自己分析问题，并将问题抽象为计算机可以处理的符号语言表达形式；第三，在教师的指导下，学生学会利用计算机的思维与方法解决问题；第四，教师详解在问题解决过程中所涉及的计算机知识；第五，学生自己总结与归纳所学到的知识与技能；第六，教师通过布置作业检验教学效果。

2. 辐射教学法

高职计算机基础课程的属性决定了其内容必然是包罗万象。有限的课时也决定了教学难以做到面面俱到。可以选择典型的核心知识点为授课内容，采取以点带面的辐射式教学方法，以核心知识为圆心，帮助高职学生学习其他的知识内容，达到触类旁通的效果。

3. "轻游戏"教学法

可将教学内容以轻游戏形式展示给高职学生，帮助学生以简单的应用方法、低开发强度和高实用性实现教育功能。以程序设计类课程为例，教师可通过将一些经典算法案例以"轻游戏"的形式传授给高职学生，如交通红绿灯问题、计算机博弈等，对培养学生的程序设计思维能力有很大的帮助。

4. 回归教学法

在高职计算机基础教学中，培养高职学生具备利用计算机解决问题的方式去分析问题并解决问题的能力是非常重要的。如何培养学生将实际问题转化为计算机可以识别的语言符号的抽象思维能力一直是高职计算机教学工作中的难点。引入回归教学法可以很好地解决这个问题。计算机科学的很多理论源自实际应用，所以回归教学法将理论回归到问题本身，将理论教学与其原型问题解决过程讲授相结合，引导学生认识和理解计算机是如何分析和解决这些问题的，逐步培养学生的抽象思维、分析以及建模能力。回归教学法是一个从实际到理论，再从理论到实际循环往复的过程，有助于不断提高学生思维的抽象程度。

（五）教学考核评价机制

1. 完善理论教学的考核机制

（1）注重思辨能力考核

课程考核的重心以思辨能力考核为主，那么高职学生的学习重心将转移到对思维、方法的掌握。课程考核应适当增加主观题的比例，重点考查学生对典型案例的解决思路与方法，提倡开放型答案，鼓励学生从计算机与专业相结合视角阐述自己的观点。

（2）调整各种题型的比例与考核重点

首先，在机考中增加多选题型的比重，并通过增加蕴含益于计算思维培养的考题，促进高职学生对知识以及思想和方法的掌握。其次，填空题型应重点强调对思维与知识结合点的考核，以蕴含思维的知识点为题干，以正确解决问题所需的思维为填充答案，实现思维与知识点的完美结合。最后，综合题型的考核应侧重于知识点以及思维方法与专业应用问题的结合。

（3）布置课外大作业

大作业是高职教师根据教学进度和课程需要为学生布置的并要求在

规定时间内完成的课程任务。大作业的选题要广泛，要求学生要出产品。学生为完成作业，必须查看很多相关资料，学习相关的应用软件，例如，创建一个网站，就需要学习网页制作类知识；制作一个图书管理系统，就需要学习数据库类知识；制作一个网络通信程序，就需要学习网络编程知识。学生可以独立或者几个人合作来完成大作业任务。大作业要充分体现已学知识点中所蕴含的计算思维与方法，问题解决上要反映出计算思维的处理方法，并且大作业要求要体现各个专业的普遍需求。加大课外大作业在学生课程考核体系中的比重，有助于提高学生参与合作、进行有效思维的积极性。

2. 建立多元化综合评价体系

学生的学习是一个动态连续发展的过程，仅靠期末考试成绩不能准确反映学生真实的学习效果，因此，教师应改变过去以总结性评价为主的学生评价体系，积极构建以诊断性评价、过程性评价、总结性评价为基准的多元化学生综合评价体系。学生综合评价体系应当在对学生学习积极性、课堂出勤与表现、作业以及考试成绩等方面进行考核的基础上，适当增加对学生思维能力以及创新能力的考核。科学合理地安排不同考核的分配比例，积极创新考核形式与方法，不断提高和完善学生综合评价体系的建设水平。

此外，教师教学效果的评价体系也是整个评价机制的重要组成部分。可以通过完善教学督导制度、学生网上评教制度以及定期举行教学观摩课和青年教师讲课大赛来不断提升教师的教学水平，进而提高教学质量。

（六）教学师资队伍

针对学生专业背景的不同，应吸收具有不同专业背景并从事计算机教学与研究的教师组成新型的师资队伍，并针对不同的专业背景设计教学方案和进行有的放矢地教学，使学生了解和掌握计算机在不同专业学习中的应用以及解决专业问题所涉及的计算思维和方法，将计算机学习与专业学习紧密结合，加深学生对计算机在专业应用中的认识，进而提高学生的应用能力和应用创新能力。

（七）理论教材建设

教材是推广和传播课程改革成果的最佳载体，既要具备先进性和创新性，又要兼顾适用性；既要体现先进教育理念和计算机基础理论教学改革的最新成果，又要适合本校计算机基础理论教学的实际发展状况。在注重计算机基础知识和基本技能的基础上，要结合高职学生的专业学习，在"计算思维能力培养"的新型理念指导下，科学调整教材结构体系，系统规划教材内容，编写特色鲜明的高质量课程教材。

此外，可以尝试一种新型教材编写思路，即在专业学科的知识框架下，以本专业的经典应用案例为引入点，讲授该应用所反映的计算机知识内容，详细分析如何对问题建立模型，提取算法，将问题抽象转化为计算机可以处理的形式。这种教材编写模式对培养高职学生的计算机应用能力和计算思维能力具有革命性意义。

二、以计算思维能力培养为核心的高职计算机基础实验教学体系

计算机学科是一个非常重视实践的学科，人们的任何想法最终都要通过计算机实现。实验教学是高职计算机基础教学的重要组成部分，对培养高职学生动手实践能力、分析和解决实际问题能力、综合运用知识能力以及创新能力等方面起着不可替代的作用。要在以培养拔尖创新人才为目标，与理论课程体系相衔接，与高职学生专业应用需求相结合的基础上，逐步形成以培养学生计算思维能力和创新能力为主线的多层次、立体化的高职计算机基础实验教学体系。

（一）教学理念

实验教学既是从理论知识到实践训练实现高职学生知行统一的过程，又是培养高职学生综合素质和创新能力的过程。实验教学要以为国家培养高水平拔尖创新人才为目标，以"理论与实践并重，专业与信息融合、素养与能力并行"为指导思想，以"高职学生实践能力和创新能

力培养"为核心任务，将高职计算机基础实验教学与理论教学、实验教学与专业应用背景、科研与实验教学相结合，积极构建科学合理的分类分层实验课程体系，创新实验教学模式与方法，改善实验教学环境，倡导学生自主研学创新，注重学生个性发展，在实践中激发学生的创新意识，不断提高学生的应用能力和应用创新能力。

（二）课程体系

将计算思维能力的培养作为高职计算机基础教学改革的核心任务，深入研究不同专业的人才培养目标和各个专业对计算机的应用需求，并结合不同专业高职学生的特点，建立基础通识类、应用技能类、专业技能类三个层次的实验课程体系，并且每类课程都包含基础型实验项目、综合型实验项目和研究创新型实验项目，以满足不同层次人才的培养要求。实验项目的选择和设计要紧密联系实际应用，强调趣味性和严谨性，要反映不同专业领域的实际应用需求，以激发学生的兴趣，拓展学生的创新思维空间，培养学生的科学思维和创新意识。

基础通识类实验课程以基础验证型实验为主，帮助高职学生验证所学理论知识和掌握基本操作技能，并且将"主题实践"贯穿整个实验教学之中，要将基本操作和技能综合运用到具体的实验项目中。技术应用类实验课程注重学以致用，以综合型实验为主，强调实验的应用性，通过淡化理论知识，强调计算思维与方法的手段，培养学生分析问题和解决问题的能力。专业技术类实验课程强调计算机科学与学生专业的相互融合，培养学生利用计算机科学的思维与方法去解决实际专业问题的能力。课程中综合型实验和研究创新型实验所占比例大幅提高，力图对学生在创新思维、科研能力、动手实践能力、团队合作等方面进行全面训练，不断提高学生的自主学习能力、综合应用能力和创新能力。

根据高职学生的兴趣爱好和专业学习，增设学生可自由选择的实验模块，并且要科学合理地安排不同实验的比例，保障和优化基础层实验，重视综合层实验，适当增加研究创新层实验。每类实验的设计要尽量实现模块化、积木化，以满足学生的不同需求，便于学生根据自己的专业特点自主选择实验内容，促进学生的个性化发展，实现培养多层次、高素质人才的目标。

（三）教学模式

以培养高职学生的计算思维能力为核心，以培养多层次的高素质人才为目标，以高职学生的自身水平和专业特点为依据，科学制定每类课程的实验教学大纲，针对不同的专业选择不同的实验项目，安排不同的实验时数，实施不同的实验教学方法，将课内实验与课外实验紧密结合，逐步完善高职计算机基础实验教学体系。

1. 分类分层次的实验教学模式

不同专业对高职学生的计算机应用能力的要求不同，计算机基础教学应该与之相适应。对这些不同需求进行分析和归类后，将各个专业划分为理科类、工科类、文史类、经济管理、医学艺术类等几个大类，然后分别实施分类实验教学，并根据学生的自身水平和发展定位，实行分层次培养，逐步完善与高职计算机基础理论教学相配套的实验教学体系。

2. 开放式的实验教学模式

高职计算机基础实验教学要以开放式学习为主，学生在教师的引导下，能够不断提高自主学习的能力。在一些综合性较强的实践教学活动中，学生以小组为单位，讨论和分析问题，并自行设计和实施解决方案，让每个学生都充分表达自己的想法，激发他们的创新思维，培养他们的创新能力。

3. 任务驱动式教学模式

在高职计算机基础实验教学中，任务驱动式教学是一种基于计算思维的新型教学模式。在这种教学模式中，教师主要负责的工作是基本操作演示、提出任务和呈现任务、实验指导、总结归纳。学生在教师的指导下，通过自主学习和相互讨论，利用计算机科学的思维和方法去分析和解决问题。任务驱动式教学模式是教师选取贴近学生日常生活的计算机应用问题作为实验任务，如设计一个图书馆管理系统、超市商品管理系统、电子商务网站等，促进学生形成强烈的求知欲望，在教师的指导下，学生通过自主探索学习或小组相互协作，选择合适的计算方法或编程工具，在不断地调试和修改中最终完成任务。任务驱动式实验教学模式充分发挥了学生学习的积极性和主动性，在强调学生掌握基本操作技能的基础上注重培养和提升学生的计算思维能力。

（四）教学内容

计算机技术的快速发展促进了实验教学方法和手段的不断变革，教师要以先进的教育理念为指导，将先进的计算机技术与实验教学内容、方法和手段相结合，推动计算机基础实验教学的改革。

高职计算机基础实验教学要以高职学生为主体，因材施教，针对不同的实验项目、不同的学习对象、不同的专业背景采用不同的实验教学方法或者是多种方法的结合，激发学生的实践创新主动性，实现培养学生实践能力和创新能力的教学目的。比如：对于基础层实验项目，主要采用教师现场演示与指导的教学方法；对于综合层实验项目，可采用学生分组互动讨论的教学方法；对于研究创新层实验项目，可采用开放式学生自主实践的教学方法。另外，其他的一些教学方法，如网络教学可以运用于学生的课外实践活动中；目标驱动式教学可以通用于各类实验项目教学。在很多实验项目的实际教学中，教师往往会同时采用多种形式的教学方法，以此提高课堂教学效果。下面介绍几种常用的实验教学方法。

1. 目标驱动式教学方法

高职教师提出实验目标与项目，高职学生在教师的指导下自主完成实验的各个环节，例如，查阅资料、设计方案、上机操作与调试、实验结果测试以及实验报告撰写等。这种教学方法有助于培养学生的自主学习能力，提高学生的实践能力和自主创新能力。

2. 开放式自主实验教学方法

在现有实验环境的基础上，高职学生根据自己的专业特点和兴趣爱好自主选择指导高职教师和实验项目，教师进行适当的实验指导，学生自主完成整个实验过程。开放式自主实践教学方法重视培养学生的自学学习能力和创新能力。

3．小组互动讨论式教学方法

高职教师将高职学生分成若干个小组，并引导学生在师生之间、小组之间以及组内成员之间讨论实验的设计方案、方法等，激发学生的参与热情，提高学生的语言表达与沟通能力，培养学生的团队协作精神。

（五）教学考核评价机制

实验教学考核要突出对高职学生能力的考核，注重学生的学习过程，对学生的实验过程进行多点跟踪，如参与积极性、贡献程度等。除利用实验课程管理系统对学生进行过程跟踪外，还可要求学生提供实验进度报告，以方便教师实时指导和检查，把控学生的实验进度。

对于程序设计和实践操作类实验课程应逐渐取消笔试，采用上机操作或编程的"机考"，促使学生平时多思考、多实践、多操作，锻炼学生的科学思维和实践操作能力。

实验教学考核的目的是客观而准确地评价高职学生的实验过程与实验质量，以促进高职学生提高自己的实践能力与创新能力。由于高职计算机基础实验教学中实验形式多样化、强调过程与结果并重，所以应构建多样化的实验教学考核体系。考核体系中包含四种考核形式：平时实验考核、期末机考、实验作业考核、研究创新考核。其中平时实验考核重点考查学生平时的实验过程表现和出勤情况；期末机考重点考查学生的基本操作技能和综合应用能力；实验作业考核形式综合考查学生的自主学习能力、综合应用能力以及创新能力，学生根据自己的专业自主选择实验题目，自由组成团队，自主设计和实施解决方案。最后教师根据学生提交的实验程序和实验报告以及现场演示和答辩的表现情况给出成绩；研究创新考核是为了鼓励学生积极参与各种形式的科研活动和计算机竞赛活动而设立的，以培养学生的探索精神、科学思维、实践能力和创新能力为宗旨。实验考核体系要充分考虑实验教学的各个过程环节，对学生形成全面、客观、准确的评价，提高学生对实验教学的重视程度。

要根据每类实验课程的要求和特点采用不同组合的考核形式，并科学调整考核形式之间的比例关系，如基础通识类课程可采用平时实验 10％＋期末机考 60％＋实验作业 30％的考核体系；技术应用类课程可采用平时实验 10％＋期末机考 40％＋实验作业 50％的考核体系；研究创新类课程可采用平时实验 10％＋实验作业 50％＋研究创新 40％的考核体系。

（六）教学师资队伍

要形成一支热爱实验教学，教学和科研能力较强，实验教学经验丰富且敢于创新的实验教学队伍；逐步优化师资队伍在学历结构、职称结构以及年龄结构等方面的配置；支持和鼓励高职教师积极投身实验教学教材的编写和实验教学设备的自主研制工作；鼓励教师将科研开发经验与计算机基础实验教学相结合，在不断提高自身科研水平的基础上，开发与设计一些高水平的综合性实验项目，丰富实验教学内容；逐步完善教师的培养培训制度，促进教学队伍知识和技术的与时俱进；完善教师管理体制，吸引来自不同学科背景的高素质教师参与和从事高职计算机基础实验教学和改革工作，逐步形成以专职教师为主、兼职教师为补充的混合管理体制，实现人才资源的互补与交融。

（七）实验教材建设

实验教材建设是高职计算机基础实验教学工作的重点之一。实验教材建设要突出"快""新""全"。所谓"快"，就是实验教材建设要跟上计算机技术快速发展的步伐，及时更新教材内容；所谓"新"，就是将计算机科学的最新研究成果和前沿技术融入教材，将实验教学的最新成果及时固化到教材中；所谓"全"，就是高职计算机基础实验教学中的所有主干课程均有配套的实验教材或讲义。

实验教材的编写方式有两种：一种是独立的实验教材；另一种是理论和实验合一的教材。前者是在编写理论教材的同时，编写与之配套的实验教材，帮助高职学生在上机时有明确的实验目标和详细的实验参考资料；后者强调教材要使理论与实际应用紧密结合，并在内容的组织上，突出对计算机操作技能的要求。根据实验课程的特点选择教材的编写方式，强调实践操作和实际应用的课程，例如，微机原理与接口技术、多媒体技术与应用、计算机网络技术与应用等课程可编写专门的实验教材。而强调基础知识与技术的课程，例如，高职计算机基础、程序设计语言等课程可编写理论与实验合一的教材。

坚持走持续发展式实验教学改革之路，紧跟高职计算机技术的发展步伐，适应计算机技术更新频率快的特点，积极参与世界先进理论与技术的讨论与研究，密切关注计算机科学的前沿与发展趋势，及时调整实验教学体系与课程内容，将先进的技术、工具、方法、平台积极纳入实验教学之中。应积极推动高职计算机基础实验教学理念、课程体系、教学内容、教学模式与教学方法、教学资源库建设等方面的改革，培养具有较强创新意识、科学思维能力、基础扎实、视野开阔的多层次高素质创新人才。以实验室硬软件环境建设为基础，不断提高教学资源的共享与开放水平；以教学体系和管理体制改革为核心，不断提高实验教学队伍的整体素质水平；以科研来带动实验教学，不断提高高职计算机基础实验教学质量。

三、高职计算机理论教学与实践教学协调优化

（一）理论教学与实验教学统筹协调的教育理念

理论性和实践性是计算机学科的两个显著特点，所以对高职学生计算思维能力的培养，除通过理论教学外，实验教学也是培养学生计算思维能力的一个重要的途径。计算思维能力的培养离不开丰富的实践活动，它是在不断实践中逐渐形成的。理论教学是学生获取知识和技能的主要途径，是学生掌握科学思想与方法、提升科学能力、形成科学品质、提高科学素养的主要渠道。学生只有经过自己实际动手操作进行实践，才能深刻领悟解决问题所采用的思维与方法，同时结合理论学习，会加深对计算思维的理解并汲取相应的思维和方法。实验教学是高职计算机基础教学的重要组成部分，对培养学生综合运用计算机技术以及用

计算思维处理问题的能力等方面具有重要意义。所以，应树立理论教学与实验教学统筹协调的教育理念。

1. 理论教学与实验教学的协调关系

在知识建构方面，教育主要实现两个目标：一是尽可能地让高职学生积累必要的知识，二是引导高职学生不断地把大脑中积累和沉淀的知识清零，使其回到原始状态和空灵状态，让大脑有足够的空间发展新智慧。理论教学重在向高职学生"输入"知识，使学生处于吸收社会所需知识的持续积累过程，实现了教育的第一个目标。学生大脑接受新知识的容量因个体差异而不同，但终究是有限度的。实验教学重在将知识转变或内化为能力，就是将积累和沉淀的综合知识经过体验、感知和实践得以"释放"。"释放"是转化为学习主体的某种素质或某种能力，从而实现教育的第二个目标。

理论教学和实验教学是矛盾对立的统一体，其对立性表现在理论教学向大脑"输入"知识，使知识不断增加，而实验教学将知识不断"释放"出大脑，使大脑原有储存和积累的知识不断减少；其统一性表现在二者统一于学习主体知识传授、素质提高、能力培养这个循环体中，学生进入使用知识的状态时，将在获得知识的同时发展相关的思维能力，更重要的是对知识的理解、运用和转化的能力。理论教学与实验教学是整个教学活动的两个分系统，它们既有各自的特点和规律，又处于一定的相互联系中。所以，必须正确把握二者之间的关系，将其有机地融合起来，使教学活动成为理论教学和实验教学相互影响和相互促进的整体。

（1）传授知识与同化知识相互协调

只有在思维过程中获得的知识，才能具有逻辑的使用价值。个体针对具体问题的情境对原有知识进行再加工和再创造，这就是实验教学对知识接受者的同化过程。理论教学注重培养高职学生的陈述性知识，侧重基础理论、基本规律等知识的传授，从理性角度挖掘学生的潜力，使高职学生的思维更具科学性；实验教学注重培养学生的程序性知识，侧重拓展和验证理论教学内容，具有较强的直观性和操作性，把抽象的知识内化为能力和素质，从感性的角度培养学生的实践操作能力、分析问题和解决问题的能力，提高学生的综合素质。建构主义学习理论认为，知识是学生在一定的情境即社会文化背景下，借助他人（包括教师和学生）的帮助，利用必要的学习资料，通过建构意义的方式而获得的，即通过人际的协作活动而实现。这种知识的获得仅通过理论教学是无法实现的，只有通过实验教学生生间、师生间的协作才能实现。在高职院校的人才培养过程中，只有理论教学和实验教学互相协调、相得益彰，才能使学生更好地接受知识和领悟知识。

（2）提高素质与顺应素质相互协调

人的素质是指构成人的基本要素的内在规定性，即人的各种属性在现实人身上的具体实现以及它们所达到的质量和水准，是人们从事各种社会活动所具备的主体条件。素质是主体内在的，具有不可测量性，人的素质决定了知识加工和创造的结果。从教育的功能看，素质教育是人的发展和社会发展的需要，它以全面提高高职学生基本素质为根本目的，是尊重高职学生主体地位和主动精神、注重形成人的健全个性为根本特征的教育。素质教育贯穿高职院校人才培养过程的始终。目前，高职院校理论课程体系中渗透了很多素质型知识。从教学体系看，只有理论教学提供了顺应素质的素材，实验教学在素质教育的过程中才能实现顺应素质的功能。提高素质和顺应素质必须相互协调，从符合高职学生认知规律的角度出发，将提高素质和顺应素质有机结合，才能实现理论教学和实验教学在素质教育中的最大效用。

（3）培养能力与平衡能力相互协调

一个人素质的高低通过能力加以衡量。建构主义认为能力是指人们成功地完成某种活动所必需的个性心理特征。它有两层含义：一是指已表现出来的实际能力和已达到的某种熟练程度，可用成就测验来测量；二是指潜在能力，即尚未表现出来的心理能量，通过学习与训练后可能发展起来的能力与可能达到的某种熟练程度，可用性向测验来测量。心理潜能是一个抽象的概念，它只是各种能力展现的可能性，只有在遗传与成熟的基础上，通过学习才可能转化为能力。其中，能力培养的终极目标就是培养具有创新能力的高层次人才。创新能力的实现是通过低级能力向高级能力逐级实现的，当一种低级别的能力实现后，学生将向高一级别的能力进行探索和追求，学生个体通过自我调节机制使认知发展从一个能力状态向另一个能力状态过渡，这正是建构主义理论的平衡状态。理论教学为培养学生能力嵌入能力型知识，获取知识后，形成能力；实验教学通过"干中学"引导学生由一种能力状态向高级别能力状态探索，在探索过程中，需要理论教学的支持。创新能力就是在这种平衡—不平衡—平衡过程中催生出来的。

2. 理论教学与实验教学的统筹协调原则

高职院校的人才培养质量，既要接受学校自身对高等教育内部质量特征的评价，又要接受社会对高等教育质量特征的评价。以提高人才培养质量为核心的高职院校人才培养模式改革，必须遵循教育的外部关系规律与教育的内部关系规律，理论教学与实验教学统筹协调模式的设计应注重社会需求与人才培养方案的协调。在坚持这一原则基础上，根据理论教学与实验教学的协调关系，还要坚持实验教学体系与理论教学体系必须统筹协调这一原则。此外，能力培养是教育的终极目标，因此，还要坚持知识传授、素质提高能力培养这一原则。

（1）社会需求与人才培养方案相协调

教学改革的根本目的是提高人才培养质量。教育必须与社会发展相适应，必须受一定的社会经济、文化所制约，并为一定的社会经济、文化的发展服务。高职院校的人才培养质量有两种评价尺度：一种是社会的评价尺度。社会对高职院校人才培养质量的评价，主要是以高等教育的外显质量特征即高职院校毕业生的质量作为评价依据，而社会对毕业生质量的整体评价，主要是评价毕业生群体能否很好地适应国家、社会、市场的需求；另一种是学校内部评价尺度。高职院校对其人才培养质量的评价，主要是以高等教育的内部质量特征作为评价依据，即评价高职院校培养出来的学生在整体上是否达到本校规定的专业培养目标要求，学校人才培养质量与培养目标是否相符。教育的外部规律制约着教育的内部规律，教育的外部规律必须通过内部规律实现。因此，高职院校提高人才培养质量，就是提高人才培养对社会的适应程度，考证社会需求与培养目标的符合程度。

（2）实验教学体系与理论教学体系相协调

实验教学与理论教学是一个完整的有机联系的系统，只有课程体系的总体结构、课程类型和内容等在内的各个要素统筹兼顾，才能达到整体最优化的效果。把传统的教学过程中的课堂教学和实验教学分为彼此依托、互相支撑的两个有机组成部分，让课堂知识在实践过程中吸收和升华。根据人才培养目标和实验教学目标的形成机制和规律，在构建实验教学体系时，必须注意实验教学与理论教学的联系与配套，同时兼顾实验教学本身的完整性和独立性。在教育理念指导下，学校总体人才培养目标衍生理论课程教学目标和实验课程教学目标，根据社会需求与人才培养方案相协调的原则，产生理论教学课程体系和实验教学课程体系。在统筹兼顾的情况下，理论教学和实验教学课程体系联合产生专业教学计划，以满足学习主体岗位选择需要、行业选择需要和个性化选择需要。

（3）知识传授、素质提高以及能力培养

知识、素质、能力是紧密联系的统一体。高职教育应在传授知识的同时着重培养高职学生的多种能力。素质作为知识内化的产物，提高素质并外显为能力是教育教学的终极目标。最终实现知识内化为素质，素质外显为能力，主体在知识同化、素质顺应过程中达到能力平衡，个体素质和能力的不同对知识的理解和应用知识的能力会产生很大偏差。因此，在人才培养模式设计中要注重知识传授、素质提高、能力培养的相互协调，这样才能相得益彰。

（二）"厚基础、勤实践、善创新"的教学目标

"精讲"是相对于理论教学而言的，高职教师要精选知识点来重组教学内容，讲课要突出重点和难点，讲授内容"精髓"，启发学生思维，引导学生思考。"多练"是相对于实验教学而言的，适当调节理论教学课时与实验教学课时的分配比例，让学生有更多的时间上机练习相关的计算机技术与方法。教学理念上，总体指导思想是由无意识、潜移默化变为有意识、系统性地开展计算思维教学，讲知识、讲操作的同时注重

讲其背后隐藏的思维。教学方法上，突出对学生应用能力和思维能力的培养，通过教学方法的改革展现计算机学科的基本思想方法和计算思维的魅力。

1. 理论教学方面

理论教学目标从知识传授转变为基于知识的思维传授。高职学生在学习计算机理论性稍强的内容，如计算机系统组成、计算机中数的表示时，感到抽象难懂，但这些内容又是理解认识计算机学科的基础。教师在讲授这样的内容时应精心设计教学内容、案例，挖掘隐藏在知识背后的思维，讲授时简化细节，突出解决问题的思路。转变先教后学的教学方式为先学后教。大一新生对计算机基础课程中很多内容已有不同程度的掌握，学习这部分内容时，教师可以在讲授前通过给学生布置任务、作业，让学生结合具体的任务或问题先自学，高职教师课堂上引导学生对问题进一步理解，这样能使学生更深刻理解学习内容，培养自主学习能力、训练思维。一些内容还可让学生先准备，课堂上以讨论的方式进行，如学习计算机的历史与未来、计算机对人类社会发展的影响、身边的信息新科技等内容时，让学生在上课前先思考、学习，课堂上教师引导学生有效地思考、讨论，逐步发散思维，培养学生分析问题的能力。

2. 实践教学方面

实践教学目标应注重实用性、趣味性和综合性。实践教学是高职计算机基础教学的重要环节，对培养高职学生计算机应用能力起着至关重要的作用。在实践教学中应注重做好以下几方面的工作。

（1）紧跟计算机技术的发展，及时更新教学内容、实验环境。高职学生学到当前主流技术，才能够强化实际应用能力，才有利于培养实用型的计算机应用人才。设计实践内容时，增强趣味性，案例贴近高职学生实际、结合学生所学专业，以激发学生学习兴趣，引起心灵共鸣。在实验内容设计时，除一些让学生掌握基本知识、技能的基本型题目，还应适当设计一些综合性的题目，让学生感到所学内容实用、有用，能解决他们学习生活中的实际问题。

（2）规范上机实训流程，强化总结反思环节。典型上机实训教学的展开，可按照"布置任务—学生实作、教师巡回指导—讲解总结"的顺序进行。实训前，教师首先布置上机任务，并对上机目标、内容、方法和注意事项等进行必要的介绍和说明。明确了任务，方法得当，学生才能够按照要求完成上机作业。巡回指导，及时发现学生在上机中的疑问，及时解答、指导，保障练习过程的顺利进行，同时摸清学生实训情况，进而能够在下一阶段的讲解总结中有的放矢地进行。讲解总结是上机实践的最后一个环节，也是一个非常重要的环节。教师的讲解总结，不仅使学生掌握具体题目的操作方法，更要让学生领会解决问题的思路，锻炼举一反三的能力，引导学生进行拓展迁移，帮助学生反思内化。

站在理论教学和实验教学相结合的高度深化高职计算机基础教学改革，将分别承担理论教学和实验教学的组织结构进行实质性的整合，从体制上保证各项改革的顺利推行，统筹配置，实现教学资源的优化重组，创建将教学与实验融于一体的"生态环境"，切实提高高职计算机基础教学质量，最大限度地发挥教学效能。创新高职计算机基础教学管理体制和运行模式，实现理论教学与实验教学的融会贯通，保障教学运行高效顺畅，教学效益明显提高。

第二节　基于计算思维的高职教学模式与构建

教学模型构建的教学宗旨是讨论教学活动中高职教师如何引导学生运用计算思维的方法完成相应的学习任务；学习模型构建的宗旨在于讨论学生在基于教师教学活动的基础之上如何更好地根据教师的教学引导，合理有效地展开基于网络环境下计算思维方法应用的自主学习活动。

一、模式与教学模式

（一）模式

"模式"一词涉及面较广，其原本源于"模型"一词，本来的意思是用实物做模的方法，在我国的《汉语大词典》中解释为"事物的标准样式"。《辞源》对"模"有三种解释：一是模型、规范；二是模范、范式；三是模仿、效仿。《辞海》对"模"的解释：一是制造器物的模型；二是模范、榜样；三是仿效、效法；从字面上看，"式"有样式、形式的意思，所以，"模式"即包含了事物的内容和形式。《国际教育百科全书》则把"模式"解释为变量或假设之间的内在联系的系统阐述。现在大多数人认为，"模式"即解决一类问题方法论的总称，把解决问题的方法总结到理论的高度，就成为模式。

模式是一种重要的科学操作与科学思维方法。它是为解决特定的问题，在一定的抽象、简化、假设条件下，再现原型客体的某种本质特性。它是作为中介，从而更好地认识和改造原型、构建新型客体的一种科学方法。从实践出发，经概括、归纳、综合，可以提出各种模式，模式一经被证实，即有可能形成理论；也可以从理论出发，经类比、演绎、分析，提出各种模式，从而促进实践发展。模式是客观实物的相似模拟（实物模型）、是真实世界的抽象描写（数学模式）、是思想观念的形象显示（图像模式和语义模式）。"模式"不仅是模型、模范等的意思，更有科学操作和科学思维方法论，不仅是一种规范，让别人效仿，更是一种解决问题的思维方式。

（二）教学模式

1. 教学模式的含义

教学模式是构成课程和教学，选择合理教材，让高职教师有步骤完成教学活动的模型和计划。教学模式就是学习模式，因为教育的根本目的就是使高职学生更容易、更有效地进行学习，如此一来，他们不仅获取了知识，更掌握了整个学习的过程。教学模式是指在一定的教育思想、教学理论和学习理论指导下的、在一定环境中展开的教学活动进程的稳定结构形式。总之，教学模式就是教师在一定教学理论、学习理论、教学思想的指导下，为在教学过程中实现预定的教学目的，采取各种方法和策略将教学的各个知识点衔接起来，使学生掌握学习方法，享受知识的理论教学框架结构，并且其他教师也可运用此教学结构达到相同或相似的教学目标的稳定结构形式。教学模式既是教学理论与教学方法实施的过程，同时也是教学经验的系统性概括，它既可以是教师自己在实际工作中摸索，也可以是进行理论探究之后提出假设，并经过教学实践的多次验证得到。

2. 教学模式的结构

作为现代的教育工作者，特别是长期战斗在教育一线的教育工作者，他们每一位其实都有一套属于自我风格的教学方式，这可以说是他们个人的教学模式，一旦在他们教学中产生良好的教学效果，那么就可以推广他的教学方式。

一般情况下，一个教学模式的形成必须有相应的教学理论和学习理论指导思想、教学目标、教学过程的方案、实现条件、教学组织策略、教学效果评估等环节。

教学理论与学习理论指导思想即教师要具备教育教学的基本素养，能够在该思想的指导下进行知识的讲解并掌握学生对知识的接受程度；教学目标是教学模式的核心，整个模式都是围绕目标的实现而创建的。因此，准确把握并定位教学目标是形成合理教学模式的基本准则，是检测教学模式在学生身上产生什么结果最根本的要求。教学目标的设定需要准确而有意义，它的设定直接导致教学模式的操作和整个教学模式结构的定位；教学过程方案是为了使教师更好地把握整个教学模式的开展，它是教师教学和高职学生学习的具体步骤，是整个教学的具体规定和说明；实现条件是指教学模式要产生作用，达到预定目的的各种条件之和；教学组织策略是指整个教学活动中，所有教学手段、方法、措施等的总和；教学效果的评估是指对教学活动的结果进行评判的标准和方法，一般情况下，不同的教学模式都应该有不同的评价标准和评价方法。

3. 基于思维的教学模式的特性

(1) 独立性

思维属于人类特有的活动。以思维的方式创建教学模式，具有独立的特性。教学模式是在一定的教学理论和学习理论的指导思想下产生的，由人以思维的特性创建出的教学模式，具备思维的特性。当然，这里的独立是指该教学模式是在人类思维的控制下建立的，因此，它会根据人们自身的调节呈现出它自己区别于其他教学模式的独立特点。

（2）逻辑性

思维是具有逻辑的。人们在思考问题时是根据一定的规律进行判断的。所以，该教学模式提出问题到推理整个教学的过程都是按照一定的逻辑顺序进行的。

（3）灵活性

思维本身是灵活的。因此，以思维为中心的教学模式能够根据整个教学活动的具体情况灵活地进行变化，及时地变换原来的模式结构，但又不会对整个结构的效果进行改变，它能使高职教师和高职学生根据自身的情况灵活地调节方案，又有方向上的指向性。

（4）操作性

教学模式是为高职教师和高职学生提供参考的。因此，在教学模式指导下的教学活动策划人是能够理解、把握和使用的，并且还需要有一个相对稳定、明确的操作步骤，这也是思维为中心的教学模式区别于教学理论的特性。

（5）整体性

整个教学模式的过程是一个完整的系统工程。它有一套完整的系统理论和结构机制，在使用时，必须从整体上把握整个教学模式的框架结构。

（6）开放性

教学模式是由经验到总结、由总结到形成理论、由理论到运用、由不成熟到成熟逐渐完善和形成的。虽然教学模式是一种稳定的教学结构形式，但这并不表示教学模式一旦形成就一成不变。时代在发展，教学模式也会根据教学的内容、教学的理念进行改变和发展的。所以，这就需要高职教师在实践中不断摸索新的方法，丰富和完善教学结构模式。

4. 教学模式的功能及其对教学改革的意义

教学模式以简单明了的形式表达了科学的思想和理论，以思维为核心培养的教学模式应具备如下功能。

（1）掌握科学思维和方法的功能

由于整个模式的构建是基于思维为中心建立的，因而在高职教师实施该教学模式时，整个教学活动的进行过程已经将科学的思维方法传授给了学生，学生在其中不但接受了来自教师的知识，同时还亲身领会了整个过程，享受了思维过程。

（2）推广优化功能

一旦整个教学框架变成了一种固定的教学模式，那么该教学模式就是多个教学经验丰富的教师的一切优秀教学成果的浓缩。当其他教师使用该教学模式时又会加进自己对教学模式的领悟成果，从而不断改进和推广教学模式的展开和延伸。

（3）诊断预测功能

当高职教师在实施教学活动时，打算和将要采取某种教学模式时，一般都需要先预定教学目标是否能实现。根据不同的教学目标、课程内容、教学手段、教学策略，高职教师会预先对整个教学情况进行诊断。

（4）系统进化功能

教学模式除了要求高职教师完成对高职学生知识的传授和方法的传递之外，还要求高职教师有自身检测的功能。教学模式是"实践—经验—实践—理论"或者"理论—实践—理论"的过程，其中前者是经验工作者在具备一定实践的基础之上拥有了某种经验，再推广到实践中运用再形成方法论的理论模式供其他人学习和使用的过程，后者是教学工作者根据教育教学理论摸索出的方法形成框架，再用于实践中论证，发现结果和预期一样后再形成理论框架供其他人学习的过程。所以当教师在使用或者借鉴他人的教学模式的同时也是改进自身知识结构的过程，同时也是对原有教学模式进行系统优化的过程。

（三）基于科学思维构建教学模式

1. 科学思维的内在要求

科学思维是动态的体系结构，涵盖内容、目的、过程等各个方面。一是科学思维的目的是对客观世界进行分析和认识，这一分析认识主要表现事物之间相互关联的因果关系，在科学的领域建构模型是为了解决因果的系列问题；二是科学思维要求内容与过程相互联系。因此，构建基于思维的教学模型必须满足这二者的关系。因为模型不但是体现科学思维的材料，同时还是科学思维作用的产品，并且建构的教学模型遵循了确定题目、解析题目、判断题目、探讨题目的过程。同时模型还是多个变量组成的框架系统，对模型的思考、构建与应用，就是对各个变量进行组合成系统工程，达到目标的结果。

2. 现有教学模式的启发

持久地改进教学方法和学习方法的唯一直接途径在于把注意集中在要求思维、促进思维和检验思维的种种条件上，在学校教学中，教学手段和学习方法是需要不断改进的。在当前计算思维方法深入课程教学培养要求越演越烈的情况下，再运用目前已经基本成熟的各种教学和学习模式，把新的计算思维方法融合进去，达到改进原有教学和学习模式，使学生在掌握计算机学科思想和方法的基础之上，运用计算思维方法学习和工作，达到内化能力的目的。

二、基于计算思维的探究式高职教学模式的构建

（一）构建依据

基于计算思维的探究式教学模式的研究，应该从探究式教学的问题提出、问题探究、问题解决方法三个方面的变量进行建构。

1. 问题提出

探究教学模式指的是在高职教师指导下，学生通过自主、探究、合作为特点的学习方式对教学内容的知识点进行自主探究学习，并进行同学之间的相互交流协作，从而达到掌握课程标准地对认知目标和情感目标要求的一种教学模式。认知目标即对学科概念、知识、原理、方法的理解和掌握；情感目标即感情、态度、思想道德以及价值观的培养等，其中重要的是提炼出合理的探究式问题。

2. 问题探究

探究式教学问题探究环节其实质是对问题进行分布解决的过程设

计，基于探究的教学和学习过程一般步骤包括对问题的提炼反映目标要求，搜集分析问题的情境、问题解决方案、得到结果，学习同伴相互交流、进行学习评价，通过查阅文献，分析学习。得到基于探究式教学的基本环节就是提出问题、情境分析、问题分析、问题解决、得出结果、总结评价。

3. 问题解决方法

对于基于计算思维的探究式教学模式，在解决方法上是一个重点环节，所以第一环节的问题提出和第二环节的问题探究都必须考虑计算思维的因素，在各个环节都需要加入计算思维方法的因素，运用计算思维的方法贯穿整个探究式教学的过程。

创建基于计算思维的探究式教学模式应该在以探究式理论基础为第一层次的结构层次中都要考虑计算思维方法的运用，解决方法的过程应该贯穿各个层次。

（二）ITMCT 模型的构建

基于计算思维的探究式教学模式（Inguiry Teaching Mode based on Computational Thinking，ITMCT）教学模型分成五个步骤，分别是创设情境、运用计算思维方法启发思考、运用计算思维方法自主探究、用计算思维方法协作学习、根据课程教学的实际情况总结提高。高职学生活动分为形成学习心理，思考学习计划，收集材料加工内容，相互协作讨论，自评、自测、互评、拓展、迁移知识。高职教师教学活动分为提炼探究问题，引导学生思考、启发性学习，协助提供学习资源，为学生提供必要的帮助以及总结分析学习成效。

教学模式模型的特点是以计算思维方法贯穿高职教师和高职学生整个教与学的全过程为核心要素，也即是计算思维贯穿在整个结构模式的五个步骤当中。

三、基于计算思维的任务驱动式高职教学模式的构建

（一）构建依据

任务驱动式教学就是由高职教师、高职学生与任务三者之间相互作

用的结果，整个教学过程以任务为主线，将教师和学生联系起来。基于计算思维的任务驱动教学则以确定任务为核心，以培养学生运用思维方法完成任务为准绳，需要学生在完成任务的过程中实施科学思维的方法解决问题。因此，应该从"任务"的确定、"任务"过程、解决方法三个方面构建基于计算思维的任务驱动式教学模型。

1. "任务"的确定

任务驱动式教学强调以高职学生获取知识为中心点，要求学生在完成"任务"时必须与学习的过程紧密结合，通过在完成任务的过程中获取知识学习的动机和学习活动的乐趣。任务驱动式教学要求在真实的学习和教学环境下，教师把握整个教学活动，学生掌握学习的自主权。就整个教学活动而言，任务驱动式教学分为三个部分：教师、任务、学生，三个因素缺一不可，三者相互作用，紧密结合，构成完整的教学整体。教师采取的教学方式、方法、手段以及教学目标、教学任务是教学的主体，学生的学习方式、方法、手段是教学活动的认知主体。认知主体在教学模式下取得的成绩，是教学模式对反馈教学主体的客观反映，教学主体的目的也得以在该教学模式下取得相应的成果。

因此，在"任务"选取和确定中，应该以认知主体是否能在该教学模式下完成教学主体预定目标而进行设定。

2. 任务过程

基于"任务"驱动的教学过程其实质是要求对教学活动的"中心"进行确定，使高职教师和高职学生能够更好地围绕这个主线的展开而进行教学和学习活动。

基于"任务"驱动的教学要求是高职教师在实施教学时就已经对教学目标分析透彻的基础之上设计出的教学任务。学生再根据教师呈现的"任务"进行过程性解决，达到掌握知识完成任务的目的。最后当学生呈现作品时，教师再进行总结评价指导。

3. 解决方法

在基于"任务"驱动的教学当中，知识要求已经将传统意义上的教师从知识传授转变为整个教学活动的指导者，知识讲解的辅导员；学生也成了知识学习的负责人，构建知识架构的主体，在高职教师的辅导下开展自主的学习，因此，在进行以"任务"为驱动的教学活动中要掌握教师和学生的活动规律，掌握课程的知识目标，才能更好地构建解决问题和完成任务的知识结构体系，在此教学活动中，学生才是真正的知识结构主体，要求学生在完成教学任务的同时要学会运用"科学思维"分解问题并解决问题。因此，基于计算思维的任务驱动式教学要求学生能够熟悉并运用计算思维方法渗透任务完成的各个环节，所以在实施"任务"驱动教学时应该运用计算思维关注点分离等方式进行。

（二）TDTMCT 模型构建

围绕基于计算思维的任务驱动式教学模式（Task-Driven Teaching Model Based on Computationa Thinking，TDTMCT），教师展开了五个步骤的活动，高职学生展开了六个步骤的学习。高职教师的工作是课前的准备、任务的设计、任务的呈现、指导学生实施任务、对学生上交的作品进行总结评价。学生的工作是课前预习相应课程、形成相应良好的学习心理、明确目标任务、完成任务、得到结果相互交流，对结果进行反思评价。

TDTMCT 教学模型的特点是将计算思维的方法运用于高职教师和高职学生对"任务"进行操作时的所有步骤，一系列任务的设置和实施都围绕计算思维的方法展开，即将计算思维方法应用于教师教学工作的五步骤和学生的学习六步骤当中。

四、基于计算思维的网络自主学习式高职教学模式的构建

（一）构建依据

新模式是在教学思想和学习理论的指导下，围绕教学活动开展，针对某一教学主题，形成系统化、理论化并相对稳定的教与学的范式结构。随着高新技术产业的发展，很多高新技术产物的学习工具走进课堂，移动学习工具等的发展使移动学习等在线学习方式也随处可见，高

职学生利用网络中获取的材料进行自主的学习已经成为教学改革的重要方向。

各个高职院校都具备相应的软硬件设施设备，基于计算思维的网络自主学习主要依据六个方面：①各高职院校良好的在线学习软硬件环境；②学生对网络平台的喜爱；③学习空间不受地理条件的限制；④学习进度随时可调节；⑤脱离传统书籍地翻阅；⑥以计算思维方法完成自我学习。

（二）OILMCT 模型的建构

基于计算思维的网络自主学习模式（Online Lndependent Learning Model Based on Computational Thinking，OILMCT）教学模型主要由三部分组成：学生、教师、网络环境与网络资源。学生利用良好的网络环境（良好的软硬件环境提供资源智能交互、呈现情境时空不限、支持协作师生交流、自主探究互相交流）和丰富的网络资源（文字、模型、声音、图片、图形、图像、视频、动漫）在计算思维方法的指导下进行学习问题的反思，结果的出现，问题的解决方案以及该类知识点解决问题的思维思路；其间教师可以参与适时指导，也可完全不参与。

网络教育的兴起和开放的突出特点是真正做到了不受时间和空间限制，高职学生可以在世界任何一个有网络的角落开展学习和研究，从而使受教育的对象扩大到全社会，同时还可丰富和发展教学资源的建设。

网络环境下基于计算思维的自主学习模式，是指在计算思维方法的指导下，以现代教育思想、学习理论和教学理论为指导，充分运用网络提供的信息资源以及良好的网络技术环境，提高学生的积极性，充分发挥学生的主动性、创造性。基于计算思维的网络自主学习模式主要是将教师的教学指导行为和学生的自主学习行为结合起来，达到合理利用网络资源，采用先进科学思维方法获取知识，掌握解决问题的思维方式。

第三节 融入计算思维理念的
问题驱动高职教学模式

一、问题驱动高职教学模式概述

（一）问题驱动教学的概念

对于问题驱动教学方法，每个人都有着自己的看法，有着自己渴望的问题驱动教学。问题驱动教学模式是基于问题的教学方法。这种教学方法是一种以高职学生为中心，基于各个领域的问题为教学的核心，激发学生的学习兴趣，让学生围绕教师提出的问题或者自己心中的疑惑，在求解问题的过程中牢牢掌握知识的一种学习方法。

问题驱动教学模式是一种深化的教学理念，不是单单改变技术和形式之后随便累加的。在获取知识时，学习的内容则会以问题的形式呈现在学生的面前，由于学生非常迫切地想要获得问题的答案，对自己的解决方法有所期待，以此激发了学生学习的兴趣，并产生了更大的动力；教师想要传授给学生的知识都包含在其提出的问题之中，学生在求解答案的过程中激发了他们的潜能与思维，从而使他们的综合学习能力有所提升；教师给学生设置了一个良好的学习情境，使他们融入其中，然后将学生要掌握的相关知识内容转化成一个个问题链，通过知识之间的相关性，使求解问题的过程呈递进式层层进行推进，从而使学生能够不断地进行相应的研究、探索，直到找到解决问题的方法，并掌握了解决这一问题链所用到的相关知识为止。

该教学模式就是以提出的问题为学习的载体，教师根据所提出的问题创设所需情境，让学生紧紧围绕问题寻找解决问题的方法，在此过程中学生不但发散了思维，而且自主学习与探究的能力也会有所提高，从而提高了学生的综合素质。

（二）问题驱动教学模式的特点

问题驱动教学模式是以问题为中心以高职学生为主题的教学方式。在这一教学中教师在教学中充当启发者和指导者的作用，即学生在教师启发下，通过自主学习与思考，从而获取知识提高自身能力；学生要积极参与教学中，主动研究与探索，从而找到解决问题的方法，并获得相应的知识或技能；最终的学习成果是要通过学生自己在不断地探索中发现的。

（三）问题驱动教学模式的实施条件

问题驱动教学模式的前提是为高职学生建设一个好的学习情境。在结合学生日常生活的同时还要根据学生的兴趣心理和已经掌握的知识情况，建立一个生动有趣的学习情境。问题驱动教学模式能够为学生提供一个优良的学习环境，而一个好的学习情境恰恰是能够使学生更好地融入学习的一个切入点，它能使学生更加专心地研究问题，会主动探索。问题驱动教学模型的关键在于问题的设计，问题驱动本身就是以构造"问题链"为核心的一种教学模式，整个课程教学都被已经设计好的问题贯穿始终。要结合学生的已有的知识水平以及认知能力设计好的问题。

问题驱动教学模式的灵魂是高职学生的自主学习能力。根据建构主义的学习理论可以知道，学生可以通过主动的建构，从而获取知识。好的课程教学以学生为中心，让他们主动参与、探索问题的解决方法，教师要引导学生主动建立认知结构，从而提高自身解决问题与分析问题的能力。

二、基于问题驱动高职教学的学习策略

高职学生在学习过程中，选择实用有效的学习策略将会对学生获得知识的多少，个体发展以及学习的效果有着很大的影响。关于学习策略可归纳为三点：学习策略可以看作是学习的活动与步骤；学习策略是学生有目的地制定的一种可以提高自身学习效果的学习方案；学习策略是

指在学习过程中，学生为了达到有效学习的目的而采用的规则、学习方法和技巧及其控制法的总和，它能够根据学习情况的各种变量、变量间的关系及其变化，对学习活动及其学习方法的选择与使用进行调控。

（一）主动性

一般高职学生采用学习策略都是有意识的心理过程。学习时，学生先要分析学习任务和自己的特点，然后，根据这些条件，制订适当的学习计划。对于较新的学习任务，学生总是在有意识、有目的地思考着学习过程的计划，只有对于反复使用的策略才能达到自动化的水平。

（二）有效性

所谓策略，实际上是相对效果和效率而言的。如果采用分散复习或尝试背诵的方法，记忆的效果和效率一下子会有很大的提高。

（三）过程性

学习策略是有关学习过程的策略。它规定学习时做什么不做什么、先做什么后做什么、用什么方式做、做到什么程度等诸多方面的问题。

（四）有序性

学习策略是高职学生制订的学习计划，由规则和技能构成。每一次学习都有相应的计划，每一次学习的学习策略也不同。但是，相对同一种类型的学习，存在着基本相同的计划，这些基本相同的计划就是常见的一些学习策略。

学习策略是伴随学生的学习过程而产生的一种心理活动，这种心理活动是一种对学习过程的安排，这种安排是根据影响学习过程的各种因素即时生成的一种不稳定的认知图式，因此，学习策略是指学生在完成特定学习任务时选择、使用和调控学习程序、规则、方法、技巧、资源等的思维模式，这种模式是影响学习进程的各种因素间相对稳定的联系，其与学生的特质、学习任务的性质以及学习发生的时空均密切相关，是一个有特定指向的认知场函数。

第三章　高职计算机教学设计改革

第一节　高职计算机基础设计改革

随着社会信息化的加速和计算机教育的蓬勃发展，计算机应用已经渗透到学校和家庭等各个领域。高职院校计算机教育事业面临新的发展机遇，如何熟练使用计算机完成办公室无纸办公、数据处理、多媒体技术运用等已经成为当今社会衡量高职学生综合素质的一项重要内容。在培养人才的高职院校中，计算机课程教学是高职院校教育教学中的重要组成部分，为了适应社会发展和满足需求，有必要对高职院校计算机教学设计进行改革。

一、教材设计改革

（一）教材设置改进

教材设置就是遵循"先进、有用、有效"的原则进行教材建设，采用立体化教材体系，主要包括主教材、实验指导书、习题与解答、电子教案、试题库、多媒体课件、算法实验演示系统等。采取教材选用和自主编写相结合的方式，保证高质量教材进入课堂。按照模块化教学改革要求，以高职计算机专业应用型人才培养为出发点，组织本系教师并引入企业高端技术人才共同编写适应本专业人才培养的专业课程教材；同时对省部级以上优秀教材与重点教材优先选用，提高优质教材的使用效益。

1. 根据教学难度恰当整合教材

计算机软件的程序是由一条一条的机器指令组成的，指令又是由微指令组成的。机器语言程序设计是计算机专业不可缺少的基础课程，但微指令与用户的距离很远，是否要写入教材呢？在回答这个问题之前，可以先来认识一下微指令。微指令属于计算机的硬件范畴，微指令是不能再被分解的硬件动作，再现了科学家融入计算机结构设计中的科学思想和先进文化。在计算机运行的前前后后、分分秒秒中，软件承载着人类的智慧、文化和思想的有序运行。逻辑推理是计算机的功能，计算机的深刻哲理都来源于逻辑推理。计算机的软件能够模拟人类思维的模式运行，计算机的硬件结构也必须能够适应这种思维流动。可见，微指令就是靠硬件支撑的最小软件元素，了解微指令不但不会增加学习的难度，反而能够帮助学生深入浅出地认识计算机的工作原理。

2. 挖掘文化内涵，充实教材内容

计算机中蕴藏着丰富的文化内涵，教学设计提供了将文化融入课堂的良好机会，因此，应将计算机文化融入计算机课堂教学之中。

3. 挖掘素质教育方面的素材

素质的概念涵盖较广，这里仅就主体能力和智力的提高说明如何组织教材。能力是指诸如逻辑思维能力、归纳能力、描述能力、与人合作能力等主体性能力，是与人的思想、动机、动作、反应、神态、举止等主体要素融为一体的东西，是生命力强、生命周期长的东西。换句话说，这些外来的能力变成了人的内部素质。计算机因为具有广泛的、深刻的、精致的以及人性化的智力因素，对于提高学生的注意力、观察力、想象力、记忆力等都存在着很大的潜力。

（二）精品课程引进

高职计算机专业精品课程的引进对于计算机专业的课程改革有很好的带头作用。不同等级精品课程对于提升高职学生的专业素质水平也是有帮助的。例如，高级精品课程有"数据库原理及应用""VB 程序设计""数字化教学设计与操作"，校级精品课程有"CAI 课件设计与制作"等。对以上课程以及所有核心课程，按精品课程建设的要求，结合精品课程建设项目和教学实践，建成了课程网络教学平台，实现了课堂理论教学、课内上机实验、课程设计大作业、课外创新项目等相结合的立体化教学，切实改善了教学内容、教学方法与手段、教学效果改革和水平的提高，有效地提升了专业教学的质量。

二、任务设计改革

（一）计算机任务设计改革的基础与原理

在计算机教学中，通过分析任务方向、创设情境以及完成任务、总结评估的教学过程，即计算机任务教学，其以建构学习理论和以人为本为基础，重在强调设置的意义和互动性，在于发挥和培养高职学生的自主探索能力。教师在整个学习过程中起引导作用，使得学生在其引导下进行探索和启发学习，挖掘学生的潜力，促进学生的全面发展。在计算机任务教学中，教学原则的遵循对整个教学过程及结果有着重要的意义。首先，在任务教学中，计算机教师建构的情境要与真实相符，也只有这样才可以让学生信服，继而在后续的学习中，让学生获得解决问题的真实体验，积累知识，提升信心。其次，任务的设计要尽量生动有趣，计算机教师可通过将图像、文字以及视频进行整合，然后加入任务设计，让学生在学习中得到美的体验，还要考虑不同层面学生的需求及学习、接受能力等，结合学生的实际情况开展分层教学，实现计算机任务教学的任务模块化和任务个别化。最后，任务设计一定要具可操作性，通过教师的讲解示范，学生可进行模仿等实践，实现自主操作，学到相应的计算机知识。

（二）计算机任务设计的原则

1. 充分利用多媒体信息技术

为了给高职学生创设良好的课堂情境，教师可以用图像、文字、声音等多媒体技术进行任务的展示，积极利用"情境教学"完善任务教学中任务的设计。

2. 关注学生的特殊学情的任务设计

计算机任务教学中，参与的主体是学生，每个学生在成长环境、生活经验以及知识基础等方面都存在差别，这也会使其行为习惯、性格特征各有不同。基于此，进行任务设计时应当关注多数学生的共性，并结合学生的学习基础、职业期许、渴望等设计出可以激发他们潜在动力的学习任务。在具体的实施过程中，设计任务时应贴近他们的兴趣点。另外，针对有较明确的就业方向的学生，应在任务的设计中对其进行模拟演练，通过针对性地课件设计，使其得到就业技能方面的操作与演练，这必然会激发学生的学习兴趣与热情。在具体的任务设计中，可进行困难任务的层次化设计，如有一节课的内容是理解并会应用各类汇总进行数据统计和掌握各种排序操作，教学时，要明确排序是分类汇总的一个步骤。所以，依据高职学生的操作基础，教师给出条件复杂的排序，引导学生提升和巩固操作，然后再引进分类汇总，让学生尝试进行数据分析，这样层层递进，完成各种任务，学生也会在不断地学习中增强信心，更好地应对后续的计算机学习。

3. 尊重学生个体差异的任务设计

在高职院校学生学习计算机技术的过程中，教师应当在共性中寻找"动力性任务"的动力来源，发挥其重要作用，要讲求共性，也要尊重学生的个体差异。在具体的计算机任务教学的课程设计中，应注重施教及评价要因人而异，作为教师，要根据学生的情况，进行有针对性的差异评价，并及时针对学生调整教学任务要求，帮助其完善计算机学习任务，促使其产生继续学习计算机技术的新"动力"。

三、流程设计改革

（一）制定符合社会需求的培养目标

人才培养应主动适应社会发展和科技进步，满足地方经济建设的需要，并以此为导向确定专业人才培养的目标和要求，明确所培养的人才应掌握的核心知识、应具备的核心能力和应具有的综合素质。

（二）制定符合人才培养要求的培养模式

在高职院校应用型人才培养的过程中，应有自己特有的培养模式。在培养过程中，应强调实践能力的培养，并以此为主线贯穿人才培养的不同阶段，做到三年不断线。

（三）制定面向需求的应用型人才培养方案

高职计算机课程的特点是实践性强，学科发展迅猛，新知识层出不穷，强调实际动手能力。这就要求高职专业教育既要加强基础，培养学生知识获取的自主能力，又要对培养实践应用能力予以重视。从差异化就业市场人才的角度出发，设计"核心＋方向"培训项目，构建基于计算机基础知识理论体系的专业核心课程，打下坚实的基础，还要对学生未来的发展空间进行考虑。根据就业的方向随时对专业方向进行调整，从而提高学生的适应能力、实践能力和实际应用能力。根据市场需求设置专业方向，突破了按学科设置专业方向的局限，体现了应用型人才培养与区域经济发展相结合的特点，为学生提供了多样化的选择。

1. 培养方案要统筹规范

统筹规范要以国内同类专业设置标准或规范为依据，统一课程设置结构。课程按三层体系搭建：学科性理论课程、训练性实践课程和理论—实践一体化课程。灵活是指根据生源情况和对人才市场的调研与分析，采用分层教学、分类指导的方式，保证能对不同层（级）的学生进行教学和管理。根据职业需求和技术发展灵活设置专业方向和选修课程，在教师的指导下，学生应能在公共选修、自主教育、专业特色模块等课程中选修，包括跨专业选修和辅修，但改选专业需按学校有关规定和比例执行。

2. 设立长周期的综合训练课程

通过人才培养方案的构建，在基于长周期的软件开发综合训练中，将企业直接引进学校的教学过程中，使学生在大学学习阶段就可以接触实际的工作环境和氛围，并直接进入实际的项目开发当中。通过工程项目的培训，不仅可以提高学生的专业能力和专业素质，而且也能够提高学生的学习兴趣，缩短了学习与实践的差距，从而创造出一个应用型人才培养的新模式。

3. 体现"宽基础、精专业"的指导思想

"宽"是指能覆盖综合素养所要求的通识性知识和学科专业基础，

具有能适应社会和职业需要的多方面的能力；而其"厚"度要适度，根据教学对象的情况因材施教，学以致用；"精"是指对所选择的专业要根据就业需要适当缩窄口径，使专业知识学习能精细精通；专业技能要"长"，专业课程设置特色鲜明，有利于培养一专多能的应用型、复合型人才，符合信息技术发展的需要和职业需求。

（四）制定"核心稳定、方向灵活"的课程体系

随着计算机学科不断发展，社会对计算机人才提出了越来越高的要求，因此，高职计算机课程体系要不断地更新与完善，既要适应市场需求的变化，还应跟踪新技术的发展。遵循"基本核心稳定，灵活专业方向"的理念，注重更新和补充学科内容，改革教学方法、教学手段和评价方法，灵活设置课程专业化的方向，核心课程应该相对稳定。需要灵活应对市场变化，及时介绍专业技术的最新趋势，坚持"面向社会，与IT行业发展接轨"的原则，在建立良好基础的前提下，通过理论与实践相结合，培养学生必要的理论水平和解决实际问题的实践能力。

四、教法设计改革

（一）加强教学过程的质量控制

课程采用综合评估方式考核，以综合实践项目为例，其考核由平时考勤与表现、设计文档评价、设计成果评价、成果展示和组员、组长互评等构成。建立一个基于课程设计和综合实践项目的网络管理平台，利用工程项目质量过程控制和质量管理方法，不断加强对综合性、设计性和创新性实践项目的质量控制。实践项目的执行力度只有通过有效的实践教学管理，才能确保培养方案的顺利实施，完成学生能力培养的目标。

（二）更新教育理念

在教学设计和实施中考虑多样性与灵活性，为学生提供选择的余地，使学生可以根据自己的兴趣和水平，选择某个专业方向作为发展方向，并能自主设计学习进程。在教学过程中应强调以学生为主体，因材施教，充分发挥学生的特长，教师应从学生的角度体会"学"之困惑，因学思教，由教助学，通过"教"帮助学生学习，体现现代教育以人为

本的思想，并由此推动教学方法和手段的改革。基于工程教育模式的应用型计算机专业的教育教学改革研究是教师对各项教学工作进行梳理、反思和改进的一个过程。

任何改革的成功都是从理念革新开始的，人才培养模式的改革和实践是教育思想和教育观念深刻变革的结果。经过组织学习，要求每一个参与者都要准确把握教学改革所依据的教育思想和理念，明确改革的目的和方向，坚定信念，这样才能保证改革持续深入地开展下去。

工程教育模式的工程理念强调密切联系产业，培养学生的综合能力，要达到培养目标最有效的途径就是"做中学"，即基于项目的学习。在这种学习方式中，学生是学习的主体，教师是学习情境的创造者，是学习的组织者、促进者，并作为首席学习伙伴，随时给学生提供学习的帮助。教学组织和策略都发生了很大的变化，要求教师要有更高的专业知识和丰富的工程背景经验。

随着我国高职院校教育的发展，各类高职院校教育机构要形成明确合理的功能层次分工。高职院校一定要回归工程教育，坚持为地方经济服务，培养高级应用技术人才，在"培养什么样的人"和"怎样培养人"的方向上办出特色。

（三）改革学习效果评价方式

在实际的教学过程中，学习效果评价主体的多样化逐渐成了现实，所有学生都要积极参与教学评价，对自己的学习过程和学习结果进行反思，还要积极提出关于教师教学的看法。学校领导、主管部门也要积极参与教学评价，还要对教师评价的角色加以转变，使得教师能够成为激励学生学习的人，并且也提高了自身的专业发展。评价方式改革的主要内容如下。

1. 持续评估学习效果

要对时机评价的整个过程予以充分关注，对教学活动的整个过程来说，都要积极进行评价，必要时还要给予学生相应的鼓励性与指导性评价。对学习效果进行持续评估，更加客观地反映教学过程的"教"与"学"的效果，是"教"与"学"互动的基础。该方法有利于学生明确学习目标，同时，该方法也有利于提高教师的教学质量。

2. 采取以学习为中心的评估

鼓励教师在课程建设工作中，将原有的以"教"为中心的方式改变成以"学"为中心的方式，教学和评估相互结合，在学生和教师共同学习的氛围中促进教学。这些改革要求教师转变观念，从课程教学的设计入手，采用以学生为中心的多元化评价要素。

3. 学习效果与评估方法相一致

以能力培养为本位，强化工程实践与创新能力、创业与社会适应能力培养，评估方法与学习效果相一致。积极推进评价内容的全面化，既要考查学生对专业基础知识的掌握，更要评价学生在实践能力等方面的进步，同时，充分采用书面测试与考试以外如上机操作测试等多样化的评价方法。

（四）强化实践教学环节

教学实践环境包括实验室和校内外实习基地。教学实践环境的建设既要符合专业基础实践的需要，又要考虑专业技术发展趋势的需要。计算机专业要有设备先进的实验室，如软件开发工程实训室、微机原理与接口技术实验室、计算机网络系统集成实训室、通信网络技术实验室、数字化创新技术实验室和院企合作软件开发实践基地等。这些实验室为实践基地人才培养方案的实施提供了良好的教学实践环境，新的计算机人才培养方案应该从真实的企业环境中设计出一个全面的、创新的实践项目，这主要是为了通过校企合作平台，不断提升实践教学质量，从而能够进一步培养学生的应用能力。这样的实践项目对师资要求很高：一方面，聘任行业内精通生产操作技术，同时掌握岗位核心能力的专业技术人才参与教学，为学生带来专业前沿发展动态，树立工程师榜样；另一方面，将学生直接送到校外实习基地"身临其境"地实践，使学生能及时、全面地了解最新发展状况，在企业先进而真实的实践环境中得到锻炼。适应企业和社会环境，非常有利于培养学生学以致用的能力和创新思维。

（五）加强教学研讨和教学管理

教育教学改革各项政策与措施最终的落脚点在常规的课堂教学上，因此，加强教学研讨和教学管理是解决教学问题、保证教学质量的根本途径。

定期召开教学研讨会，组织全体教师讨论制定课程教学要点，研究教学方法，针对教学中存在的突出问题集思广益，解决问题。对于新担任教学任务的教师或者新开设的课程，要求在开学之初必须面向全体教师进行教学方案的介绍，大家共同探讨、共同提高。教学研讨的内容围绕教材、教学内容的选择、教学组织策略的制定等而展开，突出教法研究。加强教学管理和制度建设，逐步完善高职院校、学院、教研室三级教学管理体系，并建立教学过程控制与反馈机制。高职院校以国家和教育部相关法律法规为依据，针对教师培训制度、教学管理制度、教学质量检查与评价制度、学生学籍管理制度以及学位评定制度等制定了一系列文件，并针对教学管理中出现的新情况、新问题，对教学管理相关文件进行及时修订、完善和补充。学院一级由院长、主管副院长，教学秘书、教务秘书，教研室主任负责组织和实施各项规章制度；教研室主任则具体负责每一项的落实情况，把各项规章制度贯彻到底。教学督导组常规的教学检查，每学期都要进行的教学期中检查、学生评教活动等能够有效地保证教学过程的控制，及时获取教学反馈，以便做出实时调整和改进。这些制度和措施有效地保证了教学秩序的正常开展和教学质量的提高。

（六）建构一体化课程计划

对于计算机学科的核心课程的建设应该严格遵循专业规范的要求，同时也要注重理论课教学的系统性和逻辑性，这样能够对学生构建完整的专业知识体系起到一定的帮助作用。与此同时，要根据对社会、毕业生和产业的调查结果进行课程的设置，注重对学生工程实践能力和创新能力的培养，从而能够对学生的职业生涯发展起到一定的促进作用。

除此之外，还需要在课程体系上下功夫，分析并解决高级应用型人才培养的实际问题，制订集理论教学、实验教学与工程实践为一体的课程计划。该课程计划注重培养学生的能力，依托综合性的工程实践项目，将学科性理论课程、训练性实践课程和理论实践一体化课程进行有机整合，从而培养学生的基本实践、专业实践、研究创新和创业以及社会适应能力。按照计算机人才培养目标，可以进一步分解上述四种能力，并且将其融入理论课程和实践教学中。

一体化课程计划的实施要求教师有在 IT 产业环境中工作的工程实践经验，除具备学科和领域知识外，还应具备工程知识和能力，并且能够向学生提供一些相关的案例，为学生提供学习的榜样。该专业具有就业指向性的专业课程教学的实施过程分成两个阶段，由具备学科和领域知识的校内专职教师和具备工程知识和能力的企业兼职教师共同完成。今后，该专业承担专业教学任务的所有教师均应达到上述要求。

第二节　高职计算机教学手段设计改革

一、课程教学模式改革

（一）改革路径

1. 实施步骤

以任务驱动法为核心的教学模式改革的实施过程，主要由四个步骤构成。一是创设情境，二是确定任务，三是学生自主学习、协作学习，四是效果评价。

2. 实施阶段

以任务驱动法为主导的教学模式改革将从四个阶段实施。第一个阶段是调研论证阶段，由专业技术骨干成立指导小组，对方法进行调研论证，形成可行性分析报告，并形成改革计划方案。第二个阶段为推广阶段，通过教学示范课、教研活动等方式进行思想及方法的推广。第三个阶段为实施阶段，通过对课程内容的修订、对课堂模式的改进等方法由一线教师实施其教学模式。第四个阶段是评价修订阶段，通过对学生学业评价、对教学课堂效果评价等形式对实施过程进行论证及修正，完善其改革模式。

（二）改革要求

1. 教学与实践相融合

（1）融合多种教学形式，紧密衔接理论和实践教学。

（2）通过不同的教学形式引入不同的教学环节。

（3）在学期结束之后进行专业核心实习环节设置。

（4）实习环节考核方式，以一个综合性的设计题目训练和考查学生对专业课程知识的运用能力。

（5）加强对学生专业素质和职业素质的训练。

2. 精进教学考评方式

（1）本着"精讲多练"的原则，改进考核方式。

（2）课程考核偏重于进行阶段考试。学期中可增加多次小考核。

（3）注重平时上课、作业、出勤率的相关考核，增加对平时创新性的应用。

3. 教学手段多样化

高职计算机专业教师在授课的过程中，应该更加注重教学手段的实用性与适应性，实施丰富的教学手段。教师授课以板书和多媒体课件课堂教学为主，并借助相关教学辅助软件进行操作演示，改善教学效果，同时配合课后作业以及章节同步上机实验，加强课后练习。

4. 教育研究不断深化

教学与教研是两种概念，在注重教学过程的同时也应重视教研的作用。在研究教育环节上，发挥学生的主动性，坚持学生主动参与研究、加速人才成长的基本原则。

在研讨学习类课程中，重点教授给学生研究方法、路径。而具体问题的解决则由学生主动地寻找其方案。对于今后立志从事研究工作的学生，则让他们及时参与教师的研究团队，使其较早地得到科研环境的熏陶、科研方法的指导、科研能力的提高。

（三）教学模式应顺应时代潮流与需求

时代的趋势即社会发展的总趋势，表明人们现在正处于信息技术飞速发展的时代，各行各业的发展都与信息技术的发展程度密切相关，教育也是如此。因此，应该培养高职学生在信息环境中的学习能力，鼓励学生积极、自主、合作地学习。培养学生使用信息技术学习的良好习惯，培养他们的兴趣和专业，提高他们的学习质量。在加快办学发展的同时，各高职院校也应在教学过程中大力推广和使用网络信息技术，努力增强网络信息技术在教育环境中的优势。

高职院校网络教学现状大致分为两类：第一类是教师利用信息技术媒体在多媒体环境和网络环境中向学生展示抽象而复杂的概念或过程，帮助他们更好地理解和接受这些概念或过程；第二类是教师在整个学习过程中规划具体的课堂环境，采用项目教学法和任务驱动教学法，与教学内容紧密结合，激发学生的好奇心和学习动机，让学生在网络教学环境中独立探索、相互合作，获取知识和技能。在这一教学过程中，教师起着指导和监督的作用，形成了以学生为中心和以教师为中心的师生交流模式。教师可以充分调动学生的学习积极性，营造良好的课堂气氛，进一步提高教学效果，同时还培养了学生探索、实践和使用信息技术的能力，这对提高学生的就业竞争力有着重要的作用。

高职院校通过网络改革课堂教学模式已跟上了时代发展的趋势，更重要的是，他们已经看到了网络教学模式的优势。

1. 资源丰富的教学模式

网络教学的本质是自然教育，教育的核心是以现代信息技术为媒介的教育资源网络。像知识的海洋一样，它拥有极其丰富的信息资源，包括来自各方的想法和观点，还有各种表达形式，如文本、图像、视频和数据库。这些资源有多种形式，并通过图片和文本进行说明。教师关注课堂教学中的问题或知识点。内容简洁，主题突出，学习效果稳步提高。微课教学作为一种新型的教学资源，正在慢慢进入每个人的视野，吸引着越来越多的人去学习。

2. 资源开放的教学模式

有了网络教学，分散在世界各地的人们可以在虚拟教室里一起学习和讨论，还可以访问其他相关的知识点或论点，以开阔视野，拓宽思维，培养开放的思维习惯。此外，由于网络教学不受课堂时间和地点的限制，不同的学生可以根据自己的实际情况和学习进度安排自己的学习时间，从而进一步提高了学生学习的主动性和自主性。与此同时，政府还鼓励高职院校积极开展有自身特色的网络课程。学校还制定了政策，鼓励教师在网上提供自己的课本、信息和知识资源。

3. 资源共享的教学模式

它可以更好地促进教育资源、数据资源、硬件资源和软件资源的共享，让高职院校的学生可以跨学校选择班级，校外学生通过在线教学获得的学分可以被识别和转换，这有利于学生的个性化发展。此外，在网络教学的影响下，偏远地区的学生也可以在教师的指导下，实时了解相关的教育法规和政策，获得丰富多样的教学资源。

4. 交互性强的教学模式

因为网络拥有丰富生动的信息资源和强大的互动能力，学生可以快速获得他们需要的信息，师生、生生都有机会充分交流和沟通。在网络教学中，在教师向学生解释知识内容的过程中，学生和教师可以深入分析某个问题并相互交换意见。教师可以及时得到学生的反馈，以改进他们的教学方法。借助网络，学生可以通过教学平台与其他研究人员、博物馆和图书馆以及其他学生或网络上的信息资源进行交流，以便及时了解他们的进步或不足，并相应地调整他们的学习方法，从而不断培养他们的能力，提高他们的知识水平。

5. 个性化的教学模式

不同的学生，他们的个性、智力、学习兴趣和学习能力是不同的。高职院校基于网络的课堂教学模式改变了传统的教学模式，使以教师为中心的教学成为以学生为中心的教学。通过独特的信息数据库管理技术，学生的学习过程、阶段和个性数据可以被完全跟踪和记录，然后存储，这样教师可以根据学生的差异安排学习进度，选择教学方法和材料，并向学生提出个性化的学习建议。在教师的指导下，学生可以根据自己的实际情况自主选择所需的知识，真正实现个性化教学。

在充分利用信息技术设计先进教学条件的基础上，高职院校网络课堂教学模式整合了教师的教学资源，基于项目的教学模式分解了教学任务，让学生能够有意识地分组学习，在业余时间或日常生活中，极大地激发了学生的学习和参与热情，提高了学生自主学习的广度和深度。因此，构建多元化的网络职业课堂教学模式势在必行。

二、教学模式评价改革

（一）实施教学质量监管模式

高职院校应重视对教学质量的监控，包括对课堂教学质量的监控以及对实践教学质量的监控。

1. 课堂教学质量的监控

课堂教学质量的监控是指完善传统教学质量监控体系。通过听课和评课教学监控制度的实施，保证课堂教学的授课质量。通过及时批改学生的作业，进一步了解课堂教学的实际效果，根据学生学习情况及时对教学方案进行调整。

利用先进的技术手段，强化课堂教学质量监控。启用课堂监控视频线上线下的功能，各类人员可以根据权限，对课堂教学进行全方位的监督、观摩和研讨等。

2. 实践教学质量的监控

实践教学监管是指课程设计以及学生项目团队的项目辅导等方面的工作。对于课程实验和学期综合课程设计，应严格检查学生的实验报告和作品，并对其进行批改和评价。要求毕业设计和实训按时上交各个阶段的检查报告，并对最终完成的作品进行答辩评分。

此外，高职院校还应重视教学质量分析，具体操作为逐级填写教学质量分析报告：教师根据所授课程的学生作业和考试情况，填写课程教学质量分析报告；教研室主任根据本专业教师教学、学生成绩、实习基地反馈意见等综合情况填写专业教学质量分析报告，分析教学改革与创新的效果，为教学研讨和教改指明方向。

（二）教学评价模式改革

1. 评价标准

根据职业教育特点，结合"校企对接、能力本位"的培养模式，与企业联合制定以考核学生综合职业能力为目的的评价方案。

坚持学校的"五考核"（基础素质考核、普通话考核、计算机能力考核、专业技能考核、学业成绩考核）要求，在此考核标准的前提下，本专业将在基础素质考核中加入企业元素，通过与企业交流，将企业相关的文化知识、产品知识与操作常识纳入考核体系。

2. 考核标准

在专业技能考核中对接企业，注重能力本位的核心思想，使专业技能考核与企业案例相结合，通过对综合能力的考核，测评学生的职业能力。同时将办公自动化、企业网组建、广告设计、综合布线技训等课程的实训过程（实验报告、作品等次、任务完成等）纳入学业成绩考核评价体系。在计算机能力考核方面，将注重与社会考证相结合，以模拟计算机考证真实环境为依托，提高学生在校期间取得认证的能力。通过以上考核模式的修订，着力打造学校、企业、社会共同参与的"三评合一"的学生评价模式。

三、实践教学体系的改革

（一）教学体系的改革

1. 实践教学标准的设立

实践教学体系的改革首先要确定实践教学标准。构建实践教学体系并制定标准，分析高职院校计算机专业实践教学体系及其实施过程中存在的不足，提出构建培养应用创新型人才的"基本操作""硬件应用""算法分析与程序设计""系统综合开发"四种专业能力的实践教学体系，并给出具体途径、方法及实施效果，使学生在理论课程学习的基础上，有方向地掌握实践知识和开拓创新思维，使所学的知识与未来的就业联系密切，最终使学习更有动力。

2. 实践教学内容的改革

实践教学内容的改革对于培养学生的团队精神与实践能力是具有重要意义的。计算机专业的课程除了要与时俱进之外，更要注重前沿动态，要有一定的前瞻性。

3. 实践教学教师人才的储备

理论教学与实践教学是计算机专业教学的两大方向，因此，高职院校应做好对于实践教学教师人才的储备工作，加大对实践教学教师队伍的建设。

重视实践教学师资队伍建设，实践教师的选拔与理论型教师应该有所不同。实践教师应该具有一定的工作经验，注重实践教学与教学科研的能力，可以进行实践教学教师的人才储备，定期召开工作会议，总结经验，不断优化教师整体队伍的建设。

除此之外，还要对目前高职院校的教师队伍进行定期培训。高职院校应该积极鼓励教师在教学科研方面的工作。对于开展校企合作的高职院校可以让教师与企业合作，共同参与研发重大的科研项目，提供给教师一定的进修机会与名额。

4. 实践教学实验室的建设

除了实践教学的实训基地之外，最重要的实践教学场所就是高职院校的实验室。对于建设计算机专业的实验室，也是高职院校计算机专业实践教学体系改革的重要举措之一。

（二）实践教学模式的发展

1. 多样化教学模式探索

多样化教学模式探讨，把适合实践课程教学的教学理论方法，如任务驱动式、多元智力理论、分层主题教学模式、"鱼形"教学模式等综合应用到网页制作、数据库设计、程序设计、算法设计、网站系统开发等课程中，利用现代通信工具、互联网技术、学校评教系统以及课堂、课间师生互动获取教学效果反馈，根据反馈结果及时调整教学方式和课程安排，以有效解决学生在理论与实践结合过程中遇到的问题，在解决问题的过程中逐步提高学生的应用创新能力。

2．有层次地开设实践课程

对于实践课程的开设应该是有目的、有层次的。专业课程也是高职院校学生发展必不可少的一种素质提升。高职院校计算机专业课程的理论与实践的课程设置与学分的配比情况应该有所改变，理论课程与实践课程应该是基于同样地位的，理论知识是良好的开始，那么实践课程就应该是完美的结束。既有理论框架又有实践能力，这才是高职院校应该培养的计算机专业人才。

专业实践类课程包括与单一课程对应的课程实验、课程设计，与课程群对应的综合设计、系统开发实训，等等。每一门有实践性要求的专业课程都设有课程实验，根据实践性要求的高低不同开设对应的课程设计，课程设计为 1 到 2 个学分。每一个课程群的教学结束后会有对应的综合设计、系统开发实训课，以培养学生的综合开发和创新设计能力。

3．"四位一体"实践模式的应用

实践教学的指导理念就是为学生的发展服务，所进行的实践课程与实践活动也应如此。学校可以使用"四位一体"实践教学新模式，训练学生的实践能力。积极开展实验、实习、实训活动，大力推进特色实践教学建设，由"实践基地＋项目驱动＋专业竞赛"共同构建实践平台，实现"职业基础力＋学习力＋研究力＋实践力＋创新力"的人才培养模式。

（三）培养学生创新与团队意识

1．创建学生兴趣小组

引导高职学生按年级层次建立兴趣小组或参与项目开发小组、科研小组，突出知识运用能力和交流能力的培养。

创建学生兴趣小组也是锻炼高职学生实践能力的一种方式。兴趣小组可以在教师的指导之下，与团队磨合、合作共同完成一项活动，这样学生的动手、创新、合作能力都可以得到锻炼。校企合作的院校可以针对企业的相关项目创建小组。项目开发小组的服务对象主要是即将毕业的计算机专业的学生，而学生的计算机实践能力还可以作为毕业课题，一举两得。

2. 组织竞赛活动

高职院校应有目的地组织学生参加各类竞赛，突出创新思维能力和团队协作能力的培养。高职院校应积极组织学生参加各种专业技能大赛，并组织教师团队对参赛的学生进行专业知识和技能的培训。

教师应通过各种竞赛充分培养学生的创新思维能力，检验学生对本专业知识、实际问题的建模分析、数据结构及算法的实际设计能力和编码技能；鼓励学生跨专业、跨系、跨学院多学科综合组建团队，通过赛前的积极备战，锻炼学生刻苦钻研的品质，培育团队协作的精神，增强学生的动手能力，提高学生的创新能力和分析问题、解决问题的能力。

3. 鼓励学生创新

创新不仅是院校更是国家大力鼓励的。各高职院校应开展学生创新创业教育和鼓励学生申报创新创业项目，教师应对学生进行专门的创新创业启蒙教育，引导学生增强创新创业意识，形成创新创业思维，确立创新创业精神，培养其未来从事创业实践活动所必备的意识，增强其自信心，鼓励学生勇于克服困难、敢于超越自我。

第三节　高职计算机教学环境设计改革

一、基础建设与实施环境

（一）完善质量监控机制

1. 建立高效的教学质量监控体系

高职院校应该严格按照教学质量评估的要求，全面监控主要教学环节的质量。对教学活动来说，应该严格执行教学计划、教学大纲、教学任务以及教学进度和课程表，明确每个人的责任，从而能够确保教学活动和教学过程的规范、有序。制定教学资料归档要求，并为每一门课程配置课程教学包。

2. 建立多层次、全方位的教学监督反馈机制

首先，实施校院两级监督评估制度，建立二级教学监督委员会，特

别是聘请具有丰富教学经验的教师组建教学督导委员会，负责监督和指导该行业的专业教学。还要建立日常的教学检查体系，及时反馈考试成绩和教师及相关领导反映的问题，以促进教学质量的提高。

其次，实施学生评教和学生信息员制度，并在每学期期中教学之后进行学生评教。高职院校应该向教师及时反馈学生的评教情况，积极鼓励教师对其教学方法进行改进，以促进教学质量的提高。学生信息员则不定期将学生对教师教学情况的意见通过辅导员反馈到教学秘书处，帮助学院及时发现和解决教学过程中可能存在的问题。

（二）建立课程负责人制度

本着夯实基础、强化应用、项目化教学的原则，根据培养目标的要求，在教育模式大纲的指导下，以学生个性化发展为核心，以未来职业需求为导向，大力推进课程建设和教材建设。针对计算机课程所需的基础理论和基本工程应用能力，根据前沿性和时代性的要求，构建统一的公共基础课程和专业基础课程，作为专业通识教育学生必须具备的基本知识结构，为专业方向课程模块提供有效支撑，为学生后续学习各专业方向打下坚实的基础。

（三）建立高效的管理与服务

专业或所在分院应配备专职管理人员，处理教学教务日常工作。教学管理人员应树立"为教学服务、为教师服务、为学生服务"的理念，从被动管理走向主动服务，树立新的观念，研究未来社会对人才的需求趋势、人才培养的现状与社会需求之间的差距以及与其他院校相比的优势和不足，为教学改革提供支持。在管理的过程中，应该充分发挥自身的专业优势，可以通过使用教务管理系统、课程教学平台等信息化手段提高管理的效率和水平。

（四）完善教学条件，创造良好的育人环境

在计算机课程的建设过程中，按照教育部教育评估的要求，结合创新人才培养体系的有关要求，紧密结合学科特点，不断完善教学条件。

第一，重视教学基本设施的建设。多年来，通过合理规划，积极争取为高职院校投入大量资金，用于新建实验室和更新实验设备、建设专用多媒体教室、学院专用资料室，实验设备数量充足，教学基本设施满足了高职院校教学和人才培养的需要。

第二，加强教学软环境建设。在现有专业实验教学条件的基础上，加大案例开发力度，引进真实项目案例，建立实践教学项目库，搭建课程群实践教学环境。

第三，扩展实训基地建设范围和规模，办好"校内""校外"实训基地，搭建大实训体系，形成"教学—实习—校内实训—企业实训"相结合的实践教学体系。

第四，加强校企合作，多方争取建立联合实验室，促进业界先进技术在教学中的体现，促进科研对教学的推动作用。

（五）教学资源与条件

1. 实验室

在实验教学条件方面，计算机专业一般应设有软件实验室、组成原理实验室、微机原理与接口技术实验室、嵌入式系统实验室、网络工程实验室、网络协议分析实验室、高性能网络实验室、单片机实验室、系统维护实验室和创新实验室。

软件实验室主要进行程序设计、管理信息系统开发、数据库应用、网页设计、多媒体技术应用、计算机辅助教学等知识的设计实验。在实验室中可以设计建设网站，锻炼学生将复杂的问题抽象化、模型化的能力；熟练地进行程序设计，开发计算机应用系统和计算机辅助教学软件，能够适应实际的开发环境与设计方法，掌握软件开发的先进思想和软件开发方法的未来发展方向；掌握数据库、网络和多媒体技术的基本技能。

计算机组成原理实验室用于开设组成原理等课程的实验性教学，通过实验教学培养学生观察和研究计算机各大部件基本电路组成的能力，加深专业理论和实际电路的联系，使学生掌握必要的实验技能，具备分析和设计简单整机电路的能力。

微机原理与接口技术实验室用于开设微机原理与接口技术等课程的实验性教学。微机原理与接口技术课程设计作为微机原理与接口技术课程的后续实践教学环节，旨在通过学生完成一个基于多功能实验台，满足特定功能要求的微机系统的设计，使学生将课堂教学的理论知识与实际应用相联系，掌握电路原理图的设计、电路分析、汇编软件编程、排错调试等计算机系统设计的基本技能。

网络工程实验室通过网络实验课程的实践，使学生了解网络协议体系、网络互联技术、组网工程、网络性能评估、网络管理等相关知识，能够灵活使用各类仪器设备组建各类网络并实现互联；能够实现由局域网到广域网再到无线网的多类型网络整体结构的构架和研究，具有网络规划设计、组建网络、网络运行管理和性能分析、网络工程设计及维护等能力。

2．实训基地

计算机专业的学生教育不可缺少的环节就是实验、训练和实习，因此各高职院校对实习、实训基地的建设十分重视。与企业合作力度的加强，对建设实习基地起到了一定的推动作用。各高职院校大力聘请企业工程师给学生提供一些相关的学科课程，并且还组织学生观看并参与企业项目的研发过程，方便学生及时了解专业发展的相关动态。在建设实习基地的同时，将基地建设推向大型企业单位，并对实习期进行延长，以学生的实习促进学生的就业，以学生的就业推动建设新的实习基地。

3．教学环境

应用型人才的培养应具备良好的应用教学环境，除一般的教学基础设施外，还应具有将计算机硬件、网络设备、操作系统、工具软件以及为开发设置的应用软件集成为一体的应用教学及实验平台，为学生搭建一个校企结合的实训平台，以缩短学校和社会的距离。此外，还应做到两点：建立健全课堂教学与课外活动相渗透的综合机制，即坚持课堂教学与课外活动的相互补充，教学管理机构与学生管理机构之间的协调合作，教师与学生之间的经常性互动与交流；将提高学习兴趣、拓宽知识视野、增强实践能力和培育理论思维能力紧密地结合起来，为培养综合性复合型人才创建优良的教学环境。

4．教材建设

教材是教学改革的基础。教材建设的基本原则是紧密结合专业人才培养目标积极进行统筹规划，并且还要把选用与自编结合起来，对教材体系进行分层次、分阶段的完善。通过吸收国内外先进教材的经验，并组织一系列满足模块化要求的教材积极进行创新。

（六）教学管理与服务

通过树立服务意识，促进教学管理从被动管理转向主动管理，建立一套完善的教学管理和服务机制，确保专业教学管理的规范化和程序化，为教学改革提供支持。

第一，成立由高职院校、政府部门、企业的专家和领导组成的"专业指导委员会"，全面统筹本专业建设。以产业需求为导向，制定相应的机制提高企业的参与度，广泛吸收产业界专家积极参与研究和制定人才培养方案，建立的人才培养方案不仅要符合地区企业的发展需求，而且也要符合专业发展的规律。要结合地区发展的实际情况，不断在教学的过程中审核和修订已经制定的人才培养方案。

第二，建立模块化教学体系质量保障系统，为了能够确保模块的质量，应从模块规划、模块实施和模块评价三个方面，对相应的制度进行制定。通过不断调查企业人才的知识与能力上的需求，每年都会更新模块的教学内容，与此同时，还应安排具体设计模块教学内容的负责人，并组织协调该模块的教学，从而使模块的教学内容可以将专业发展的现状充分反映出来，并且还能够与企业发展的需求相适应。

第三，成立专业教学督导组，对专业教学实行督导、评估。专业教学督导组的常规工作包括每位督导员每学期至少完成16次随堂听课任务，并针对教师教学中存在的问题给出指导和建议，做到督、导结合；抽检每学期考试试卷、毕业论文和其他教学过程材料，并给出客观评价，督促及时整改；每学期召开2～3次教学座谈会，对教学内容、教学方法、教材使用等进行全面交流，并对存在的问题提出改进意见和建议。

第四，推行过程考核制度，全面考核学生的知识、能力和综合素质，改变课程结束时"一考定成绩"的做法。针对理论教学环节，除期末考试外，增加笔试、考勤、随堂测验、小论文、读书笔记等多种考核项目；对于实践（训）教学环节，增加预习、过程表现、实践（训）报告等过程考核项目。

第五，构建信息化的教学和管理平台，实现信息采集、处理、传输、显示的网络化、实时化和智能化，加速信息的流通，提升教学和管理水平。同时引入网络实验系统、虚拟实验系统与数字化教学应用系统，提高教学设备与资源的利用率。

二、注重学科建设和产学合作

（一）注重学科建设

1. 凝练学科方向，完善学科梯队结构

按照学科方向进行人员组织，由教师结合自身的研究兴趣确定所属学科方向梯队，培养一支在年龄、职称、学历结构上合理，具有创新精神、充满干劲与热情、团结合作的学术队伍。在组建科研队伍时，应坚持老中青相结合，并选拔高水平的学科带头人，从而打造合理和相对稳定的学科梯队。

2. 在学科建设中吸收高层次拔尖人才

高职院校的学科建设要有高层次拔尖人才作为领军人物和应用学科的带头人，他们不仅要有坚实的理论基础，还要有工程经验或技术研发能力，以及对应用领域的广泛知识、创新能力和沟通能力。学科带头人的水平和能力决定了该学科的水平和影响力，因此，高职院校和科研机构的学科带头人都要聘请和选拔高层次专业拔尖人才。学校在引进人才的工作过程中，特别是遇到领军人物时，可实施一把手工程，切实解决引进中的问题、困难等。

3. 在学科建设中建立科研开发平台

学科建设是建立人才培养和科研开发的基本单元，因此，学科建设中要建立完善的科研开发平台，包括研究所、研究基地或中心、重点实验室等。

4. 学科建设需要有团队的齐心协作

一个学科除要有学科带头人外，还要搭建一支学术梯队，形成学术、科研和教学团队，要根据规划不断调整学科队伍，建立合理的学术团队确立研究方向、建设研究基地以及组织科研工作，改革教学计划，提高教学水平。

（二）注重产学合作

1. 多渠道增强学生的职业素质

在新生教育阶段，教师就应该不断启发学生对职业生涯的规划进行思考，将在校学习与未来的职业规划结合起来。在校学习阶段，通过课堂教学、企业家论坛、实训等形式，学生逐渐对行业要求有所认同，并且自身也在不断增强其职业素质。在课程训练和短学期训练中，学生应该和实际参加工作一样，必须在纪律、着装、模拟项目开发等方面严格遵守企业的规范要求。

2. 建立实训基地

各高职院校通过建立完善的企业发展环境和文化氛围，引进企业管理的模式，不断对学生的职业素质进行培养，从而形成基于实战的互动式教学模式。而实训项目应来源于真实的项目，即在真实的环境下开发项目，并且要按时、按质完成，在学习的过程中，要时常进行分组讨论，不断发表自己的见解和看法，从而能够真正实现互动教学的意义。学生在经过这种类型的训练之后，在未来就业时就能够直接加入实际项目中，并且通常都会受到用人单位的欢迎。

三、构建校企合作课程体系

（一）课程设置

1. 重新定义专业

在校企合作的模式之下，对于计算机专业的定义就应该有新的定义，在课程的设置上也应该有所改变。与企业合作的意义就在于适应市场需求，了解市场动态，与就业相联系。因此，对于专业的重新定义就显得尤为重要，应做好市场调查工作，将专业设置方向精准定位在工作完成之后。高职院校与企业共同商议邀请专业教师与企业相关部门的领导人进行考证，以增强计算机专业的实用性与现实意义。

2．研发课程内容

在校企合作的背景之下，对于研发课程的要求也应该有所不同。课程开发应考虑实现教学与生产同步、实习与就业同步。校企共同制订课程的教学计划、实训标准。学生的基础理论课和专业理论课由学校负责完成，学生的生产实习、顶岗实习在企业完成，课程实施过程以工学结合、顶岗实习为主。各专业的教学计划、课程设置与教学内容的安排和调整等教学工作应征求企业或行业的意见，使教学计划、课程设置及教学内容同社会实践紧密联系，使学生在校期间所学的知识能够紧跟时代发展步伐，满足社会发展的需要。

3．教学标准评价

校企合作的教学评价体系需要加入企业的元素，校企共同实施考核评价，除了进行校内评价之外，还要引入企业及社会的评价。需要深入企业调研，采取问卷、现场交流相结合等方式，了解企业对本专业学生的岗位技能的要求以及企业人才评价方法与评价标准，有针对性地进行教学评价内容的设定，从而确定教学评价标准。

4．合作研发教材

既然对于专业的设置有了新的定义，自然对于教材的使用也应该有所不同。教材开发应在课程开发的基础上实施，并聘请行业专家与高职院校专业教师针对专业课程特点，结合学生在相关企业一线的实习实训环境，编写针对性强的教材。教材可以先从讲义入手，然后根据实际使用情况，逐步修改，过渡到校本教材和正式出版教材。

（二）教学设置

1．授课要求

校企合作的好处就是教师与学生可以深入企业内部，进行一线的学习，起到锻炼学生的作用。在授课方式上，可以选择校企合作授课，高职院校可以进行统一规划，定期选派教师深入企业学习，企业可以安排学生负责具体的工作内容加以锻炼。高职院校与企业一起合作，以市场需求为导向，共同对计算机专业的课程与教学方式、内容、管理制度进行改进。高职院校为企业输送人才，企业为高职院校提供实践的机会，双方互利，实现共赢。

2. 共享实习基地

高职院校实习的基地有限、能力有限，但是，校企合作之后实习基地实际上可以共享。高职院校与企业共享实习基地，不仅可以优势互补，也可以节约成本。基地是可以长时间使用的，不仅是高职院校的师生了解企业的一张入场券，更是发挥基地的应有价值与培养学生的综合素质的重要途径之一。

四、校企合作共建实习实训基地的类型

（一）校企出资共建模式

高职院校和合资企业根据双方的优势规划培训基地，承担培训基地的硬件或软件建设任务。基本培训由双方共享，双方共享使用权。高职院校开设培训课程，主要执行教学培训和公司员工培训等任务。

（二）引企入校式

换句话说，高职院校已经建立了吸引公司到高职院校的场所，以免费或低租金的形式开展生产管理活动。培训基地将为学生创造真实的生产实习环境，使用成熟的产品、熟练的工人、经验丰富的管理人员为学生创造真实的实践培训环境。

（三）引产入校式

高职院校给予自建实训基地的设备设施、师资、学生等条件，引进企业产品进行加工生产和销售。学生在基地熟练掌握技术、完成顶岗实习。

（四）企业投资式

企业投资是指企业利用高职院校场地在高职院校建设实训基地，高职院校允许其在课余时间为学生提供有偿服务收回投资的模式。

第四章 基于混合式学习的
高职计算机基础课程教学优化实践

第一节 高职计算机基础课程混合式学习的设计

一、高职院校混合式学习的理论基础

（一）行为主义学习理论

行为主义学习理论认为学习的基本单位是条件反射，刺激得到反应，学习就完成，即学习是刺激与反应之间的联结。人类学习的起源是外界对人产生的刺激，使人产生反应，加强这种刺激，就会使人记忆深刻，因此，只要控制行为和预测行为，就能控制和预测学习结果。学习就是通过强化建立刺激与反应之间的联结的链。教师的目标在于传递客观世界的知识，学生的目标是在这种传递过程中达到教师所确定的目标，得到与教师完全相同的理解。

从行为主义学习理论的角度来看，教师的职责就是在教学的整个过程中指导、监督、校正、鼓励学生合适的学习行为，强化学生正确的学习行为。教师要注意对学生提出及时的反馈与强化，使学生随时了解自己的学习效果。该理论强调知识和技能的掌握、重视外显行为的研究，较适合解释情绪、动作技能与行为习惯的学习。

（二）教育传播理论

混合式学习是一个信息传播的过程。教育传播理论包括教育传播信息、符号、媒体、效果理论，其中教育传播媒体作为教育信息、符号的

载体，它的选择对教育传播效果有着直接的决定作用。

（三）以活动为中心的活动理论

活动理论的内容主要包括以下几个方面。

1. 活动及活动系统

活动及活动系统理论认为人类的任何行为活动都是指向对象的，并且人类的行为活动是通过工具作为媒介完成的。

2. 活动的层次结构

活动的层次结构受活动的动机支配，它由一系列动作组成。每个动作都受目标控制。动作是有意识的，并且不同的动作可能会达到相同的目标。动作是通过具体操作完成的。操作本身并没有自己的目标，它只是被用来调整活动以适应环境，操作受环境条件的限制。

3. 活动的内化和外化

活动的内化和外化体现了行为活动发展与心理发展的辩证统一。活动理论分为内部行为活动（即心理操作）和外部行为活动。它强调如果将内部行为与外部行为隔离开来进行分析是不可能被理解的，因为内部行为和外部行为是相互转化的。

4. 活动是发展变化的

人类的行为活动不是固定不变的，行为活动的构成会随着环境的变化而变化。同时，人类的行为活动又影响着环境的变化。以学习活动为中心的教学设计方案将使得学生的学习过程和活动的设计成为"教案"中的重要组成部分。

以"学习活动"作为基本设计单位的优点是在设计理论上可以做到全面关注学生的个体差异和性格培养。

（四）掌握学习理论

掌握学习的优势不仅有利于教师因材施教，进行分层次教学，还有利于提高学生的学习能力和学习有效性，从而促进学生的全面发展，这一优点恰好能够在混合式学习过程中得以体现。学生能够利用混合式学习课程资源的自身特点，在学习过程中针对自身学习需要，在基于理解的基础上，自主对混合式学习课程资源进行不同层次的整合，这不仅是因材施教和分层次教学的灵活体现，也逐步培养了学生的学习积极性和自学能力，进行灵活自学和自我完善，促进了学习目标的掌握和创造力的提升，最终养成自学的好习惯，使学生受用终身。因此，在评价课程资源时，应考虑课程资源是否全面易用，是否具有学科知识点的针对性，是否能够支持学生掌握学习，是否能够针对学生的不同需要层次设置不同的课程资源等因素。

（五）深度学习理论

深度学习是以促进学生批判性思维和创新精神发展为目的的学习，它强调学生积极主动的学习状态、举一反三的学习方法以及学生高阶思维和复杂问题解决能力的提升。深度学习是学生能够在理解学习的基础上，在原有的认知结构中融入新知识和新思想，并迁移到新的情境，结合众多思想做出决策和解决问题的学习。

混合式学习课程资源的提供是灵活多变的，这使得学生在学习过程中能够根据自身的学习进度和学习兴趣，选择优质、有效的课程资源进行自主学习，从而逐渐养成积极主动的学习习惯，在学习中实现知识的整合和意义连接的学习的同时重构知识结构。而高职院校学生已经具备了在学习中进行知识情境的迁移和批判性思维的能力，因此，若通过混合学习的方式推动深度学习，学生的高阶思维能力和复杂问题解决能力能够得到有效提升。由于混合式学习课程资源是在学习过程中由教师及时更新提供的，并且融合了相应知识的文化历史背景，因此，有助于个体在认知过程中基于浅层学习整合已有信息，通过深度思考，使显性知识内化为隐性知识，使学生真正理解并学会应用，在进行混合式学习课程资源的评价时，要以能够促进学生高阶思维能力和复杂问题解决能力为考量标准，对课程资源的优劣进行评价，并设定相应的评价指标。通过混合式学习课程资源的建设与利用，能够更好地进行混合式学习，使学生充分发挥和利用好混合式学习课程资源，掌握相应的知识技能，从而促进学生掌握学习和实现深度学习，达到理想的学习目标和学习效果，也使学生学会终身学习。

二、高职计算机基础课程混合式学习教学设计

教学设计是将教育理论与教育实践连接的桥梁。它应用系统科学理论的观点和方法，调查、分析教学中的问题和需求，确定目标，建立解决问题的步骤，选择相应的教学活动和教学资源，评价其结果，从而优化教学效果，要保证混合式学习在高职计算机基础课程教学中有效开展，需对其进行方法、手段等方面的精心设计。混合式学习的教学设计应遵循四个原则：一是运用系统方法；二是以学生为导向；三是以教学理论作为科学决策的依据；四是根据实际情况不断修改完善。

（一）混合式学习在高职计算机基础课程中的应用模式

根据高职计算机基础课程的具体学科内容，分析研究整个学习系统的要素，提出以下混合式学习在高职计算机基础课程中的应用模式。

该学习系统中主要有教师、学生、学习内容和教学方式几个要素。而学习活动是各种教学方式具体所采用的活动形式。从模式中可以看出，混合式学习模式变革了传统的教学结构，将教师、学生、教学内容和教学方式有机融合，丰富了学习过程。

1. 教师与学生要素

在混合式学习模式中，教师要对学生及其学习过程的教学内容及媒体进行总体的指导和设计，教师要根据学生的特点为其设计特定的教学内容、媒体和交流方式，教师是教学过程的组织者，学生意义建构的促进者，学生良好情操的培育者。

在面对面的教学方式中，教师直接面对学生，对学习内容进行讲解及对重难点进行深入分析，充分发挥教师的人格魅力、语言魅力和情感及时交流等其他方式所不具备的优势，把面对面教学精心设计成为与学习认知心理活动规律相适应的教学活动，这是教师主导作用的集中体现。

在网络学习方式中，教师从传统的知识传授者角色变成学生学习的

指导者、课程的开发者、学习的协作者、学生的学习顾问等角色，这就对教师自身的素质提出了更高的要求。教师在具备传统教学中所需的丰富的学科知识和一般教育学知识之外，应用计算机的能力、系统化教学设计的能力、教学实施的能力、社会合作与交际能力、教学研究的能力和终身学习的能力也是相当重要的。

在实践方式中，教师是学生实践活动的观察者、指导者、记录者。教师要让学生在实践活动中居于主导地位，对学生活动中存在的问题适时提出建议。

在混合式学习中，学生是学习的主体，是信息加工与情感体验的主体。网络学习与实践方式的介入给予学生更多的活动空间和时间，增加了学习过程的互动，有利于学生发挥更大的积极性、主动性。

2. 学习内容要素

高职计算机基础课程混合式学习中的内容要具有时代性和前沿性，不仅要学习计算机的基础知识和基础操作，而且要提高信息技术的综合应用能力，提供的学习材料、讨论交流的主题必须源于当代生活，源于社会发展。学生获取信息、加工信息、交流信息的能力也是学习的内容，网络学习是学习这类内容的最好方式。

3. 教学方式要素

高职计算机基础课程混合式学习中采取了三种教学方式，而每种教学方式又由多种学习活动组成。根据具体的学习内容、学生和教师情况合理地混合各种教学方式，融合多种学习活动是混合式学习的关键。

（二）高职计算机基础课程中混合式学习的设计步骤

混合学习的过程主要包含四个环节：识别与定义学习需求（前期分析）；根据学生的特征制订学习计划和测量策略（学习过程设计）；根据实施混合学习的设施（环境）确定开发或选择学习内容以及执行计划（学习支持设计）；跟踪学习过程并对结果进行测量（学习评价设计）。

1. 前期分析

分析是教学设计的准备阶段。只有对教学的目标、内容清楚明确，对教学目标人群即学生初始情况有一定了解后，才能设计出有针对性、满足需求的学习活动。

2. 学习过程设计

这个阶段主要是对教学媒体的选择确定和对活动的设计，是教学设计的关键阶段。

3. 学习支持设计

在混合式学习中，学习支持是必不可少的，它是学生顺利进行混合式学习的保证。学习支持不仅仅指计算机、网络等硬件条件的支持，学习方法和情感上的支持也是极为重要的。

4. 学习评价设计

一个完整的学习过程少不了学习评价，不同的评价方式对学生的学习积极性、态度等都有影响。因此混合式学习中评价方式的选择与应用也是教学设计时值得认真考虑的。

（三）高职计算机基础课程中混合式学习设计的前期分析

1. 学习需要分析

学习需要是指学生期望达到的状态与目前状态之间的差距。这个差距揭示了学生在相关能力素质方面的不足，是教学中实际存在和需要解决的问题，学习需要分析的目的是为制定教学目标提供确实、可靠的依据，使得高职计算机基础课程采用混合式学习能够满足社会、高职院校、学生等方面的要求。

确定学习需要的方法有内部参照需要分析法、外部参照需要分析法以及内外结合需要分析法三种。内部参照需要的分析法主要以学生所在的组织机构内部确定的教学目标（或工作目标）对学生的期望与学生学习（或工作）的现状相比较，找出二者之间的差距，从而鉴别学习需要。外部参照需要的分析法主要以社会的、职业的要求确定对学生的期望值，以此为标准对照学生的现状，找出二者之间的差距，从而确定学习需要。

高职计算机基础课程混合式学习的学习需要如下。

（1）学生能够系统了解计算机的操作与使用方法，具备使用常用软件处理日常事务的能力。

（2）学生要了解计算机的基础知识，充分认识信息技术对经济发展、科技进步以及社会环境的深刻影响，积极提高自身信息素养。

（3）学生能够熟练掌握计算机的基本技能，具有使用计算机获取信息、加工信息、传播信息和应用信息的能力。

（4）学生熟悉信息化社会的网络环境，为自主学习、终身学习以及适应未来工作环境奠定良好的基础。

2．学生分析

学生进行学习的过程，就是他们对知识进行建构的过程。不同的学生在生理和心理上存在着个体差异，学生对学习内容的理解、反应、领悟的速度等都是不同的，需要了解学生的一些初始情况，如已有的相关知识、对计算机操作的技能等，只有在教学设计时做好了学生分析，才能在教学中真正做到因材施教。

学生的有用信息：一是入门技能；二是对该领域已有的知识；三是对教学内容和将采用的数学系统的态度；四是学习动机；五是学业能力水平；六是学习偏好；七是对提供教学机构的态度；八是群体特征。

在高职计算机基础课程混合式学习的设计中对学生的分析一般有这三个方面：一是分析对学生学习学科内容产生影响的生理、心理和社会特点，包括年龄、性别、学习动机、生活经验、个人对学习的期望等。如学生学习计算机知识是想为以后的学习或工作打好基础，还是想将计算机知识应用到所学专业当中，还是以后从事 IT 行业，或者是仅仅为了应付考试。二是分析学生对将要学习内容中已经具备的知识和技能。如学生已经掌握了哪些上网的技能、搜索的技能、是否会使用邮箱等。三是学生的学习风格，学习风格是学生持续一贯的带有个性特征的学习方式，是学习策略和学习倾向的综合。其主要有信息加工风格、情感需求、社会性需求等。信息加工风格如喜欢自定步调的学习，用归纳法呈现教学内容学习效果最佳等；情感需求如需要经常受到鼓励和安慰；社会性需求如喜欢与同龄学生一起学习，喜欢向同龄同学学习等。

（四）高职计算机基础课程中混合式学习的过程设计

1. 教学过程的组织

高职计算机基础课程中混合式学习的教学方式有面对面教学、网络学习和实践三种如何有机地把三种方式整合起来是混合式学习的关键。

（1）面对面教学中用"任务"衔接三种教学方式

学习任务是学生参与学习的切入点，把面对面教学中的知识作为完成任务的基础，让任务成为网络学习的动力，把实践作为检验任务完成的环节。

任务设计时要遵循的原则：①紧密结合课程的知识点，从学生的学习、工作、生活实际出发，设计操作与应用并重的任务。②任务要具有引导性。如通过任务指明知识的重点和难点，通过安排任务之间的顺序强调知识之间的关系，通过任务提示知识实践应用的可能途径等。③任务设计要具有相对的开放性，即给学生参与任务设计的机会。教师在设计学习任务时主要依据的是自己对学生需要的分析、对课程知识内容的理解以及已有的经验，所以教师要注意征集学生有关学习任务设计的建议与意见。④给学生提出任务时要明确说明任务的目的、要求、所需知识及时间安排等。

（2）网络学习是面对面教学的延续

这里的延续主要有这样两层含义：第一层是如果说面对面教学有利于学生信息技术系统知识的掌握，有利于情感的培养，那么网络学习则是培养学生综合应用能力的最优选择。在网络学习中，学生通过自主选择学习内容、参与讨论、自我评测，在主动获取知识的同时，培养发现问题、分析问题、解决问题的能力。第二层是网络教学能够很好地弥补面对面教学时间的不足、学生个性的差异等。学生在面对面教学的基础上，根据自身情况通过课程网站、课件等资料有针对性地补习、复习、巩固知识，从而及时解决问题。教师要根据面对面教学的情况及时地在网络学习平台上给学生提供有针对性的课程资料、教学活动。课程资料除了课程内容之外，还要有辅助学生理解和掌握课程内容的扩展资料、学习指南等。

（3）实践环节的内容要紧密联系面对面教学和网络学习的知识

在实践活动前让学生明确实践的目的、过程、评价方式等。学生只有做好充分的准备实践才有效果。实践过程中要有教师在一旁指导，也可以请成绩好的学生担任辅导教师，实践活动过后教师一定要组织学生进行教学实践的总结反思，撰写实践报告。

2. 学习活动的设计

学习活动是指学生主体通过动作操作与一定范围的客观环境（包括人和物）进行交互作用的实践活动。学生的所有学习活动可以分为内部活动和外部活动两类。内部活动主要是主体心理的"无形活动"，外部活动主要指实物性的操作及感性的、实践性的"有形活动"。任何一种学习活动都没有"纯"的内部活动和外部活动之分，它们不可分割地联系在一起。在学习活动中，学生不但认识了客观环境，也在活动中改造自身，促进了自身的发展。

高职计算机基础课程中混合式学习的活动主要有以下几种。

（1）课堂讲授

课堂讲授是教师根据不同的学科内容及教学对象，在充分了解学生的能力起点、理解水平的基础上进行的，是以言语讲解为主的教学活动。对班级人数较多、知识点需要系统讲解时的课堂讲授十分有效。例如，计算机中数制转换知识，学生已经习惯十进制的运算，对于二进制、八进制、十六进制则比较陌生，更不要说它们之间的转换问题了，这时教师进行系统的讲解，加上教师肢体语言及表情的传达，学生学习起来就容易多了。

讲座也可以说是一种特殊的课堂讲授，这种形式一般针对一个班级或者更大的集体，主讲人由课程之外的教师或者相关行业工作者担当，一般时间较短，内容主要是一些课本之外的相关知识或某课程的前沿知识等。这种讲授形式对引起学生兴趣、启发学生思考等方面有着重要的作用。

（2）自主学习

自主学习一般可以通过阅读和资料收集等方式进行。对于知识的学习，阅读是必不可少的一种学习活动，可以是网上阅读，也可以是纸面阅读。网上阅读的内容可以是文本材料，也可以是视频材料。

网络上有更丰富的阅读内容，更易搜索所需内容。纸面阅读可靠性、真实感更强，不易疲倦。所以阅读时需要采用一定的策略，教材上有的知识，让学生阅读教材，拓展类知识可让学生进行网上阅读。阅读过程中需采取一定的监控策略，教师可以问学生一些问题或者让学生自己提问，达到自我监控的目的。

资料收集是一种基于任务的活动方式，是学生自主学习的主要方式之一。学生可以通过图书、报纸、期刊、电视、录像、电话、网络等途径收集资料，当今应用网络搜集资料变得越来越广泛。在进行资料收集时，教师要根据学习内容的要求、学生的兴趣和水平进行组织与指导，确定搜集的目标和范围，将得到的资料按要求或以学生熟悉的方式进行整理、利用。

（3）讨论交流

讨论交流是学生进行学习、交流的常用活动形式，往往针对某个主题进行交流讨论。对于学习的重点或难点内容，通过讨论中的交流和分享，能够帮助学生加深对问题或知识的理解。这类活动的设计步骤：首先，设置所要讨论交流的主题，主题应该是针对学习内容的，或有助于找到解决某一问题的对策，针对某个主题、小组或全班的学生进行异步或同步的讨论交流。其次，对讨论的整个过程，如怎样说明讨论的要求，如何分配和控制讨论的时间，学生可能会有哪些反应，如何有针对性地进行引导，可能会产生哪些结果以及如何将这些结果进行归纳和提炼等一系列问题，需提前进行周密的设计和考虑，以确保取得成效。

混合式学习中的讨论交流可以是课堂上大组的或者小组的讨论，也可以是课堂外利用电子邮件，即时通信系统或者论坛等方式的讨论。

小组讨论则有任务组式讨论法、头脑风暴式讨论法。任务组式讨论法是在每个小组完成任务后小组派代表上台为全班展示成果，回答教师与学生的提问。

对于课堂外异步的讨论交流，教师需要把握讨论问题的方向，鼓励更多的学生参与讨论。讨论的问题可以是学生提出来的，也可以是教师提出来的，教师可以有意提出一些适合讨论的话题引导学生参与进来。

（4）协作学习

协作学习活动可以使学生有机会运用多种方法表达自己的感受与想法，展示自己的成果，锻炼表达能力等。协作学习可以在网络教学平台的讨论区中开展，也可以在传统的面对面的课堂上开展；既可以是同步的，也可以是异步的。协作学习中也有讨论的成分，可以说讨论也是协作学习的一个部分。

混合式学习中的协作学习有两种模式：一种是协同合作模式，它是按学生的差异水平组成小组，组内适当分工，每个组员完成小组任务的部分模块。另一种是伴学合作模式，这是一种同等水平的组合方式。每个学生完成相同的任务，虽然各自独立完成任务，但遇到问题时可相互讨论，参照学习。

（5）案例分析

案例分析就是把实际教学中出现的一些典型的问题作为教与学的案例，学生通过对案例的研究分析和相互讨论，培养自身分析问题、解决问题的能力。案例分析可以激发学生的创造力，使学生寻求多种解决问题的方式，可以缩短理论与实际的距离。运用案例进行教学设计时要注意以下几个原则。

①真实性原则。案例中的背景、问题等信息应源于与学生相似的真实学习或生活背景，这样可以营造身临其境的感觉，激发学生参与的热情。

②典型性原则。案例能针对学习中的典型问题，能真正帮助学生举一反三。

③匹配性原则。案例的选取应该与课程目标相匹配。

（6）问题解决

从学习的目标指向看，问题解决是一种关注经验的学习，是围绕现实生活中的一些问题展开调查和寻求解决方法的活动。它强调把学习设置到复杂的、有意义的问题情境中，让学生合作解决问题，使学生学习到隐含于问题背后的科学知识。该活动的目的是培养学生自主学习的兴趣与能力，包括学会与人合作、自主决策、收集信息、解决问题的能力等。

（7）反思

反思是指学生把自己的活动作为思考对象，对自己所做出的行为、决策以及由此所产生的结果进行审视和分析。反思是一种突出学生主体地位，以学会学习为宗旨的一种学习活动。反思可以在头脑中思考或者把思考转化为文字，也可以博客、论坛等形式表现教师要引导学生将反思的焦点集中于课程相关的经验，教师可以为学生准备一系列的问题，学生尝试回答这些问题的过程就是反思的过程。反思不仅针对学习的知识，也可以针对学习方法进行反思。教师可以给学生提供一些记忆知识的方法，并教会学生如何运用这些方法，让学生尝试用这些方法完成某些记忆的任务，然后让学生说出哪种方法更有效、更适合自己，并建议其以哪种方法作为自己记忆的主要方法。

3. 教学媒体的选择

媒体是教学传播的中介，媒体在沟通教与学两个方面时，其性能对教学效率和效果有一定影响。媒体选择应遵循以下原则。

（1）选择的媒体能准确地呈现信息。由于知识类型的不同，适用的教学媒体也有区别。如讲授"计算机硬件"中的主板构成时，用实物或图片比用文字板书更加具体清楚。

（2）选择的媒体必须符合学生的实际接受水平。选择的媒体要符合学生的经验与知识水平才容易被接受和理解。由于计算机的普及，许多学生在学习计算机课程时已具备一定的计算机使用技能，所以可以使用网络媒体。

（3）选择性价比高的媒体。选择的媒体可以是现成的、容易获得的、付出成本小但效果好的。教学中所选用的媒体，受具体条件、经济能力、师生技能等因素的影响。

高职计算机基础课程混合式学习可以采取多种学习方法和学习活动，每种学习活动适用于不同的知识与能力的培养，不同的学习活动需要不同的教学媒体支撑。在具体学习过程中，每一种活动都是根据内容、学生、目标的需要和条件有限制地进行混合的。

（五）高职计算机基础课程中混合式学习的支持设计

学习支持的概念来源于远程教育领域，在远程教育中，学生与教师处于时空分离的状态，在学习中可能遇到与课程内容相关的困难，也可能遇到单纯的学习方法上的困难。所以，学习支持是远程教育必不可少的环节之一。

在混合式学习的实施过程中，无论是课堂讲授还是课后辅导，无论是在线学习还是离线学习，无论是集体教学还是小组学习和自学，学生都越来越需要来自教师、学校乃至于社会方面的支持。学生面对混合式学习这样一种全新的教学形式，在课程开始之初的新奇感消失之后难免会感到茫然，所以为他们提供必要的学习支持，特别是学习方法方面的支持显得尤为重要。学习支持主要包括技术支持、学习方法支持、情感支持三个方面。

1. 技术支持

技术支持主要是指与设备和设施相关的服务，包括图书馆设施、视听设施、计算机网络设施等。计算机基础课程的教学中涉及很多操作技能，如电子邮件的使用等需要用到计算机网络设施，这些与设备和设施相关的技术支持服务在一定程度上可以为学习活动的顺利开展提供保障。

2. 学习方法支持

在混合式学习中，学生需要适应新的学习方式，修正学习习惯，而这样的调整与适应并非单纯依靠学生自身就可以完成的。在具体的教学实践中，教师要不断地提升学生的学习方法，帮助他们转变观念，调整心态，加深对混合式学习的认知，培养学生的学习能力。

可以有这样一些做法：一是在开课之初即课程导入环节，帮助学生建立新的学习方式的理念，为他们学习方法的转变奠定思想基础。二是在课程学习中用到某种方法时专门开辟时间讲解必需技能，如专门给学生讲解搜索技能、使用论坛技能等。三是在网络课程的论坛中专门开辟学习方法与策略的讨论版块，教师和学生积极参与，生生间相互学习，教师及时指导提点等。

3. 情感支持

情感支持主要指师生、生生之间的情感交流。在学生的学习过程中，对学生进行情感方面的支持，目的在于帮助学生解决各种心理和情感方面的问题，缓解精神压力、增加自信心。小组活动是混合式学习中一种加强人际交流的有效方式。组织小组活动可以减少学生的孤独感，增强学生的认同感，增加学生的学习动力，而且可以帮助学生解决在学习过程中遇到的困难和问题，使学生充分交流和分享学习经验，从而提升学习效果。

（六）高职计算机基础课程中混合式学习的评价设计

教学评价是指依据一定的标准，通过各种策略和相关资料的收集，对教学活动及其效果进行客观衡量和科学判定的系统过程。计算机基础课程中混合式学习的评价是对混合式学习过程及其影响的分析和评定。评价中更应关注学生学习和成长的过程，寻找适合学生发展的学习方式，满足学生知识和能力发展的需要。

1. 评价方式

高职计算机基础课程中混合式学习的评价方式主要有三种：自我评价、相互评价和教师评价。

（1）自我评价

混合式学习中的自我评价主要是指学生自己评价自己。学生通过经常性自评，不断校准自己的学习行为与学习目标之间的差距，从而更快、更好地实现目标，学生自评还能充分调动他们的积极性，提高他们参与评价的热情，增强他们的主体意识。

自我评价的过程是一个连续的循环往复的过程，它由自我观察、自我检查、自我评定和自我强化组成。每次评价的结果并不意味着评价过程的结束，而是在此基础上，重新调整认识和行为，再次进入自我观察、自我检查、自我评定和自我强化。每次循环都意味着学习认识和知识水平上升到了一个新的层次。混合式学习中的自我评价可以在课堂上由教师组织进行，也可以在课后让学生在网络上进行。

（2）相互评价

相互评价主要指协作者之间的互相评价。一个学生在与协作者共同完成一项学习任务时，其学习态度、学习过程、学习任务的完成情况，是其协作者比较了解的，进行协作者间的相互评价，可以发挥协作者间的相互监督功能，同时也调动了学生的学习积极性，提高了他们参与协作的主动性，加强了学生协作沟通的能力，使他们能更好地完成协作学习任务。

（3）教师评价

教师评价是以教学大纲为指导，对学生学习过程、学习目标的完成情况进行的评价，以总结性评价为主，形成性评价为辅。对学生学习过程的评价可以采取观察法和学习档案法等，对于学生学习结果的评价可以采取试卷法、作品法和实地考查法等。教师评价应以教学大纲为基础，使大多数学生最后的学习结果基本能达到教学大纲的要求；同时又要有超越教学大纲的部分，能针对部分学习能力强、学习内容已经超越教学大纲的学生进行适当的评价。

2．评价形式

（1）在线测试

在线测试是计算机网络发展的产物。学生在计算机上进行答题，计算机可以自行对答案进行判断，学生也可以查看正确答案。这种评价方式突破了时空的限制，学生可以根据自己学习的进度情况自行测试，资源得到充分共享，使用效率也得到充分提高。这种评价方式主要用于学生自评，了解自己对知识的掌握情况。

（2）提问

教学过程中一些即时的提问可以了解学生对一些知识的掌握情况，这种评价方式快速简便，有利于教师及时地获得反馈信息，为下一步教学安排提供了重要信息。

（3）书面测验

这种传统的考试评价方式在混合式学习中还是需要的。考试在一定程度上能够检验学生对课程知识的掌握程度。但要注意混合式学习的评价指标中考试成绩只是其中一个部分，学生能力培养也是评价指标中的重要组成部分。

（4）观察法

在混合式学习过程中，教师可仔细观察学生的行为表现并进行评价，包括课堂发言、交流参与程度，论坛上发帖交流的次数及质量等。

（5）问卷调查

问卷被广泛地应用在调查中，教师可以利用现成的或者自制的问卷了解学生对相关问题的态度、满意度等。问卷题目形式也有很多种，如单选、多选或主观题可以通过问卷了解学生对计算机基础课程采用混合式学习方式的满意度。

（6）访谈法

访谈是通过与学生口头交谈，收集资料进行评价的方法，访谈可以获得较为真实的资料，也可以对一些问题做更深入地了解。但访谈法在使用时要注意轻松氛围的营造，这有利于学生真实地回答问题。

（7）活动记录

混合式学习中的活动记录是指通过学生在论坛上发表帖子的数量、质量、上线次数等记录进行评价的方式。在线的学习与交流是混合式学习中重要的学习方式之一，这种评价方式侧重对学习过程的评价。

（8）学习档案

学习档案主要是指展示学生在学习过程中所做的努力、取得的进步以及反思学习成果的一种集合体。计算机基础课程的混合式学习档案主要是学生在计算机基础课程学习中的反思记录、总结报告、案例分析报告、小论文等作品的集合。学习档案能够使学生看到自己的发展轨迹，以便更好地确定学习任务，反思学习效果，促进学习效能。

3. 评价特点

（1）评价主体多元化

高职计算机基础课程中混合式学习的评价主体是多元的。评价者可以是一个教师，也可以是一群教师组成的小组；可以是学生个人，也可以是学生小组等。混合式学习中的自主学习活动、协作学习活动，学生比教师更能真正地评价它的内容，评价它的实施过程是否满足了他们的需要。

（2）评价内容多面化

高职计算机基础课程混合式学习评价是注重全面性的评价，评价项目涉及认知领域、情感领域和技能领域，评价内容应从学生的认知、情感、能力、态度、行为等多视角进行综合评价。具体包括：学生参与混合式学习的态度；学生在混合式学习中的合作精神和合作能力；学生在混合式学习过程中获得的体验情况；学生创新精神和实践能力的发展情况；学生对学习方法和技能的掌握情况；学生的学习成果等。

（3）评价形式多样化

成功的混合式学习评价必须运用形成性评价与总结性评价、定量评价与定性评价、自我评价与他人评价、口头评价与书面评价等多种形式。具体的评价方法也有很多，如评语、座谈、讨论、答辩等，实际应用时还要根据具体的评价目标和评价情境而定。

（4）评价融入教学过程

混合式学习的评价既强调教学后的评价，也注重教学过程中的评价。

第二节　高职计算机基础课程混合式学习的实践

一、教学实践对象

在混合式学习中，具体的实践可分成四个阶段。第一阶段是前期的准备阶段，主要包括分析学生，分析教学内容。第二阶段是方案的设计阶段。根据混合式学习的思想，结合本学期的教学内容制定具体的教学实施方案。第三阶段是实施阶段，方案的效果如何只能在运用中得到检验，同时，在具体的教学情境中方案也不是一成不变的，而是根据实际情况调整，但基本思想不变。第四阶段是评价总结阶段，对方案的评价可以从学生课堂情况、学生满意度等方面进行评价。

二、课程前期分析

（一）课程培养目标

课程目标是指特定阶段的学校课程所要达到的预期结果，它对学生身心的全面、主动发展起着导向、调控的作用。改变课程过于注重知识传授的倾向，强调形成积极主动的学习态度，使获得基础知识与基本技能的过程同时成为学生学会学习和形成正确价值观的过程，且这里从"知识与技能""过程与方法""情感态度与价值观"三方面提出了目标要求，构成新课程的"三维目标"。新课程的"三维目标"指向学生全面发展，注重学生在品德、才智、审美等方面的成长。

1. 知识与技能目标

一是认知类目标。掌握计算机的基本原理和相关知识，包括信息、信息技术、信息社会的概念及发展，信息的采集、表示、转换和传递；计算机系统的组成，微机的硬件组成和主要技术指标，集成电路的发展及其微机的工作原理；计算机软件发展分类，系统软件、应用软件的概念功能；数字文本、数字声音、数字图像和图形以及数字视频等多媒体技术的相关概念、原理和功能；网络的定义、分类、体系结构、传输介质、网络传输协议、数据通信及网络安全等概念。

二是动作技能类目标。掌握计算机的基本应用技能，包括掌握软件的使用技能；网页网站的设计制作技能。另外，还应掌握信息的获取、存储、加工、处理、传递表达等技能，掌握与人交流、沟通协作的技能等。

2．过程与方法目标

掌握自主学习、协作学习、问题解决等学习活动的过程与方法；理解自主学习、协作学习等学习方式给人们的学习生活带来的影响和变化。

3．情感态度与价值观目标

培养学生学习计算机知识的兴趣，培养在工作、学习、生活中自觉地应用信息技术的意识；能辩证地认识计算机技术对社会发展、科技进步和日常生活学习的影响；培养正确的现代学习观念、科学精神和科学态度、社会责任感和使命感、与人合作的团队精神以及创造精神。

（二）学习内容分析

高职计算机基础课是一门理论与实践并重的课程，根据课程本身的特点，课程内容大体可以分为两个部分：一是计算机基础知识，主要包括计算机信息技术概述、计算机硬件基础、计算机软件基础、多媒体技术、计算机网络等模块。二是计算机基本操作，主要包括 Windows 操作系统、电子邮件及 IE 浏览器的使用、Word、Excel、PowerPoint 等模块。

三、教学组织与实施

（一）课程导入

进行混合式学习，课程的导入十分重要，可以将课前准备及第一堂课称为课程导入。混合式学习的导入课要求较传统课堂更高。计算机基础课程混合式学习的课程导入大致如下。

第一，教师进行自我介绍，并且告知学生自己的联系方式、E-mail 地址等，让学生知道教师很愿意与他们多交流，有学习上甚至生活上的问题都可以和教师交流。

第二，介绍计算机基础课程的目标和大概内容，课程考查方式，并以生活中的应用实例让学生感受这门课程对他们的重要性，增强他们学习的动力。当然学习内容中重难点的提示也是必需的，并要求学生做好记录，让他们一开始就在心理上有所准备并保持高度的重视。

第三，告知学生课程的学习方式，如教学中用到自主学习，要让学生明白培养自主学习能力相当重要，现代社会单纯依靠在学校里学到的知识是远远不够的，更重要的是在将来的工作生活中不断地自主学习所需要的新知识。

第四，告知学生预备技能培训计划，这是课堂教学的重要环节。本课程中的预备技能主要包括电子邮件、论坛等的使用技能，指导学生注册并尝试使用。

第五，告知学生课程教学过程中将以小组的形式进行讨论交流。讨论的内容是对该课程的看法，为课程后面要进行的协作学习打下基础。小组交流时，会让各组派代表发言，这其实就是师生、生生之间交流的过程。

课程导入阶段一般根据具体情况安排1～2课时。

（二）学习支持的条件

1. 学习支持环境

学习支持环境是课程网络教学平台。在正式课程开始之前的导入课上，教师就对教学平台的使用技能如何注册、如何下载资源等问题进行示范和讲解。平台主要有公告栏、课程学习、拓展知识、下载区和论坛五个模块。

2. 学习支持内容

第一，公告栏用于及时地发布课程相关信息，提醒学生注意。

第二，课程学习模块主要提供计算机基础课程的电子幻灯片、教学视频和在线习题。可支持学生课前预习、自主学习及学习后的自我测试评价。

第三，拓展知识模块主要用于支持学生学习与课程相关但在教材之外的知识。教师可以根据学生需要及时添加拓展知识，学生在课堂内外都可以进行学习，十分方便。

第四，下载区提供了丰富的可供学生下载的内容，有案例下载、学生作品下载、实验指导下载、常用软件下载和教学资源下载等。学生学习 Word、Excel 时往往缺少学习案例，而教师在课堂短暂的展示不能让学生充分把握案例的精髓，把案例放在网络平台上让学生根据自己的需要随时下载学习有利于学生自主学习。学生作品下载是把本班优秀的学生作品上传至平台上进行展示，这既是对优秀学生的鼓励，也是对其他学生的激励。

第五，论坛模块里分四个讨论区，分别是优秀网站推荐区、基础知识讨论区、基本技能讨论区和自由讨论区。优秀网站推荐区是平时学习过程中发现的好的网址；基础知识讨论区和基本技能讨论区讨论的是在学习计算机基础课程过程中的热点问题；自由讨论区是师生间、生生间交流情感的地方。

四、教学实践

（一）进行针对教学

在备课和准备工作都完成之后就要开始进行混合式教学的具体指导和课程的开设了，相关教师要对班级整体学生的学习情况有一个清楚的摸底和了解，对一些计算机基础较弱的学生进行针对性教学，保证班级中的两极分化情况有所下降，对不同程度的学生采用不同的教学方式和教学内容，可以先从基础概念开始学习，层层递进，从而提升学生的整体能力，也可以帮助班级形成一个良好的学习风气，通过混合式的教学方式也可以在很大程度上提高学生学习的积极性，使学生可以主动学习，这样学生对相关知识的吸收速度会更快，能够在清楚地掌握计算机技能之后，对其相关课程就有了正确的认知，从而提升学生的实践能力。

（二）进行分组学习

在进行此类教学的授课过程中，可以对班级学生进行相互的分组，提出自己在计算机课程的学习过程中产生的问题和疑惑，学生和教师共同讨论得出解决措施，在分组讨论中，一些学习能力较强的学生可以帮助基础较弱的学生进行相关技能辅导，帮助其更快地提高相关操作能力，学生还会产生一定的竞争心理，因此也提高了他们学习的积极性，营造了良好的学习氛围，所以教师对班级学生进行分组讨论是十分有必要的，可以在很大程度上提高学生的学习效率和实践能力，这也是实现混合式教学的最终目标。

第三节　混合式学习在高职
计算机基础课程中的评价

一、课程评价内容

高职计算机基础课程中混合式学习的教学评价要充分尊重学生的主体作用，做到评价内容的全面化、评价主体的多元化和评价方式的多样化。混合式学习在高职计算机基础课程中的评价主要包括如下几个方面。

（一）对学生的评价

混合式学习强调以学生为中心，关注学生的学习方法和学习能力的培养，这就要求混合式学习的评价不仅要关注知识、技能的获得，同时要注意学生情感、态度等方面的变化。所以本课程加大了平时成绩的比例，将平时作业、临时测验和实验课完成等情况纳入平时成绩的计算。将学生参与课堂、网络论坛的讨论交流情况也记入总成绩。故课程评价包括这样三个部分：平时成绩 40%；期末考试 50%；平时参与网络、课堂的讨论交流情况 10%。本课程的评价也重视学生参与评价，这样使得评价更加公平合理，学生学习的积极性更高。

1. 混合式学习评价中的情感目标

情感目标的评价主要是在教学活动过程中进行，按以下步骤操作。

第一，准备。根据教学内容和学生实际，对评价哪些学生，评价哪个学生的什么内容做出大致安排，做到心中有数。

第二，搜集评价信息，做出评价。在教学活动过程中搜集情感目标的评价信息，主要用访谈法和观察法。通过和评价对象谈话、观察评价对象的行为表现搜集评价信息，将搜集到的信息进行分析，对评价对象做出评价。

第三，反馈评价结果。和评价对象进行谈话的同时，也是对其情感目标表现做出判断的过程，同时也是反馈评价结果的过程。

2. 混合式学习评价中的新特点

混合式学习的评价方式中笔试具有一些新特点，如题目注重联系实际解决问题，"情感态度与价值观"的目标也在具体题目中得到体现。

（二）对课程资源的评价

课程资源决定着教学的厚度和深度。混合式学习课程资源作为混合式学习顺利开展的重要前提，需要有一套科学、可操作的评价指标体系作为建设良好的课程资源的有效参考，帮助教师和学生通过混合式学习更好地实现教学和学习目标。

对混合式学习课程资源进行评价，要先从混合式学习和课程资源的两大概念入手，分析混合式学习和课程资源的内涵及特征，以混合式学习的教学过程及特征为线索，以课程资源的功能、内容、技术性、艺术性为主要逻辑思路，综合评价混合式学习课程资源，同时还要结合混合式学习的"线上＋线下"学习的特征，进行"线上＋线下"资源的综合考量。

基于大量文献资料的分析，结合国内外关于资源建设、网络资源等内容的评价标准以及对访谈结果的借鉴，得出在评价混合式学习课程资源时，应从混合式学习课程资源的教育功能、内容设计、技术性、艺术性等方面入手，逐一、详细地进行分析和评价。通过总结分析，初步整理得到研究所需的评价混合式学习课程资源的测试指标。

因"目标性、支持性、有效性、激励性、启发性"五项指标，综合考查的是运用相应课程资源后所能达到的教学效果和所实现的教育功能。

二、观察与访谈的结果分析

(一) 混合式学习的收获

混合式学习的收获具体来说，包括五个方面：一是学生的学习能力得到提高，使学习变得独立有趣。二是促进了学生与人协作交流的技能。三是开阔了学生的视野。每个学生可以发表自己的意见，提出自己的想法，因此每个学生有了更多的知识来源，从而拓宽了学生的视野。四是学生的信息素养得到提高。计算机知识技能不是单纯的传授，学生运用计算机的综合能力有所增强。五是学生体验了新的学习方式。

(二) 将混合式学习应用于高职计算机基础课程教学需注意的问题及建议

1. 在设计混合式学习案例时要注意的问题

混合式学习设计运用网络科学理论和网络工具，在设计教学过程中可能存在诸多问题和需求。因此，建立教学目标，制定答疑步骤，规划适当的学习娱乐活动，并安排辅助教学资源，考评程序和评估方法也是极为必要的，只有经过以上种种步骤，才能达到优化教学的效果。混合式学习设计是网络教学理论与课堂教学实践之间的桥梁，将此学习模式联系起来，它能确保传统课程教学的有效发展，能够全心全意为教学方式革新，是一种创新型的教学手段。在设计混合性学习模式时必须依照标准：运用网络系统方法；让学生成为模式主体；网络科学理论是教学理论的基础；教学课堂设计，特定的应用程序要及时修改和更新。

2. 将混合式学习应用于高职计算机基础课程的建议

为了验证混合式学习在计算机基础课堂中的有效性，将混合式学习模式应用于教学领域，一方面能更好地帮助学生掌握计算机技术，另一方面也能提高教学质量，实现教学目标，培养学生的职业能力。将混合学习应用于计算机基础课程学习中，有以下几个问题需要重视。

第一，专业的计算机教师需要不断提高自己的素质，更好地适应混合式教学对教师的需求。通过实验，可以发现在高职计算机基础课程教学中应用混合型教学方式，需要计算机专业教师具有一定的素质，包括对相关知识有相对广泛的了解以及深刻的理解，有足够的计算机和网络知识，可以熟练使用网络资源，能够根据学生的差异进行教学，有能力满足学生对自己的学习进行规划的能力和对学习的创造性要求，并可以管理学生的网络学习环境。重视平等，能与学生进行平等的交流与讨论，促进互相学习的能力。教师还应具有优秀的学习能力，能够自我调节，不断学习，重视自身的发展。

第二，教师必须合理分配课堂讲授的时间和学生的自愿学习时间。作为一个传统的教育体系，大多数学生还是更能接受课堂讲授这种学习方式，它对学生掌握计算机专业课的系统知识有很好地促进作用。在课程的前期，应以课堂讲授为主，随着课程的进行，学生的自主学习能力达到一定程度时，可以适当转换讲课方式，由课堂讲授逐渐向自主学习过渡。

第三，教师应掌握学生的需求，为学生提供更多指导。混合型学习强调学生的现实需求，教师应该对学生的需求进行分析，将学生的需求作为整个课程设计的起点。教师取得了学生的需求后，建设面对面授课的讲解方法，秉持平等、信任的态度和一视同仁的情感价值，理解并从学生的实际需求出发设计课程内容，使得学生在学习交流过程中真正有所收获。在混合式学习模式的引入下，教师教学内容多种多样，主要包括学习上的交流、生活上的交流、情感上的交流、生命观和价值观上的交流等。多种多样的交流方式不仅有助于学生理解所学的知识，在面对自己的学习情况时，能通过多种交流完善现阶段的不足，进一步地掌握难懂的知识点。在改善自身学习情况的同时，也增进了教师之间的感情。学生提交的教学问题和意见，教师应给予及时地反馈，并对有疑惑的问题进行指导，可安排优秀的学生作为班级的助理教师，辅助授课教师进行知识点的讲解，帮助教师完成计算机专业操作的教学。由此学生在学习过程中受到技能指导，不断提高自信心，有助于提高学习效果。

第四，教师要为混合式教学创造良好的条件。混合式教学的模式是将传统的面对面教学与新式的网络教学结合在一起，取长补短，将二者的教学手段相结合，将教学的质量最优化。当然在将两种教学方式进行混合的过程中，创建一个操作简单、结构清晰、功能实用的学习平台是必要的，这个平台可以很好地适应混合式教学的开展，能发挥这种教学方式的最大优势。

第五章　高职计算机实践教学质量保障

第一节　高职院校实践教学质量保障体系

高职院校肩负着培养适应生产、建设、管理、服务第一线需要的高素质技术应用型人才的目标，这一目标的实现很大程度上取决于实践教学的开展，只有通过对高职学生开展大量高质量的实践教学，才能使学生掌握精深的专业知识和娴熟的职业技能。因此，研究高职院校实践教学质量保障体系，对于保障和提高高职院校实践教学质量，促进高职院校培养目标的实现都有着重要意义。高职院校计算机应用专业情况与此类似，构建高职院校计算机应用专业实践教学质量保障体系，有助于保障和提高高职院校计算机专业实践教学质量，促进高职院校计算机职业人才培养目标的实现。

一、关于高职院校实践教学质量保障体系内涵

所谓教学质量保证与监控体系，就是一个以教学质量为保证与监控的对象，既有对教学过程的实时监控，又有对教学效果的反馈的完整的、闭环的系统。

教学质量保障体系是指全面提高教学质量的工作体系和运行机制，具体包括以提高教学质量为核心，以培养高素质人才为目标，把教学过程的各个环节、各个部门的活动与职能合理组织起来，形成一个任务、职责、权限明确，能相互协调、相互促进的有机整体，以高质量地完成学校预定的教育教学目标，校内全员参与、全程实施，全面保障教学质量的组织与程序系统及其活动。它包括高职院校内部自身的教学质量保

障体系和政府、社会各界对高职院校认证、评价等措施而建立的外部质量监督体系。

综上所述，高职院校教学质量保障体系是一个完整的整体，它覆盖了整个教学开展过程，从教学的组织实施到社会对学校培养人才的评价等方方面面。

二、关于高职院校实践教学质量保障体系内容的研究

教学质量保证体系应该由这样几个子系统构成：一是控制要素系统，即教学质量保证与监控体系所要保证与监控的各要素的集合，包括高职院校的教育目标、教学资源的占用与有效利用情况、教学过程的设计与实施情况、教学效果等；二是质量标准系统，即一系列完整的教学质量标准，特别是各主要环节的质量标准的集合；三是统计、测量与评价系统，用于收集有关教学质量的各种信息、资料与数据的处理手段；四是组织系统，指教学质量保证与监控体系中直接参与教学工作、与教学质量有直接关系的组织机构的集合；五是保障系统，指为教学工作提供条件保障的组织机构的集合，包括各种必要的人、财、物等基本条件。

从高等教育的运行机制上看，由于价值取向的不同，高等教育的质量会在高职院校、政府和市场三个角度产生不同的观点，高等教育的质量保障体系必须包括多样化的质量标准、多方的保障主体和与质量有关的全部过程等方面的内容。

我国高等教育质量保障体系的内容可分为四大方面：输入质量保障、过程质量保障、输出质量保障和系统效率。输入质量包括学校教育目的、师资、学生、设备、经费投入等；过程质量保障包括课程建设、教学方法、教学质量评估与保障机制；输出质量包括社会输出质量和学生学习质量；系统效率指学校单位资源所培养的人才，是反映学校教学质量的一项经济指标，包括师生比、生均培养费用、时间效率、综合效率等。

高等教育质量保障体系的内容通过评判指标体系体现，涉及高职院校教学、科研、服务等各个子系统，涵盖教育资源、教育环境、教育过程和教育结果等方面。所以，高等教育质量保障的指标应由条件性指标、环境性指标、过程性指标和成果性指标四部分组成。条件性指标是高职院校达到规定质量目标的物质基础，如办学条件、经费投入、师资队伍、生源质量等；环境性指标是指学校的文化氛围，包括校园文化、校风、班风、学校的地理环境等；过程性指标是反映高职院校工作状态和过程的指标，如人才培养方案、教学管理制度、教师教学方法等；成果性指标是反映高职院校质量和水平的指标，如学生知识与能力的发展与变化、毕业生就业状况等。

高职院校实践教学质量保障体系的内容是研究高职院校实践教学质量保障体系的重要部分，在确定其具体的内容构成时，要结合学校的实际情况，在认真分析实践教学工作的基础上，深入调查，尽可能找出能全面反映影响教学质量的各个关键因素。

三、高职院校质量保障体系功能探析

高职院校质量保障体系的功能主要包括三个方面：第一，高职院校质量保障体系应对实践教学效果是否达到预期能够进行确定，并能够对实践教学过程中存在的问题进行分析，从而制定相应的改进措施。第二，高职院校可以根据质量保障体系中的数据对实践教学质量进行评判，并对实践教学结果进行具体分析，以便对教学方法和教学计划进行及时调整。第三，教师和学生可以通过质量保障体系对自身的学习情况和教学情况进行了解，并对自身的不足进行及时改善，从而获得更好地实践学习效果。

四、高职院校构建质量保障体系的措施

（一）明确目标

建立明确的目标有利于学生更好地进行实践内容的学习，了解高职

院校对于他们的培养目标，从而使高职院校学生更加注重提升自身的职业能力，并以此为目标进行努力。高职院校计算机专业应结合社会对于计算机人才的具体需求，建立计算机人才的培养模式。该模式的建立应以学生未来就业作为重要导向，并重视培养学生对于计算机的实际应用能力和其他方面的综合素质能力，从而提升学生的创新能力。

（二）注重团队建设

高职院校在对现有计算机实践教学的教师进行培养的同时，也要适当地引进一些能力水平较高的专业教师，从而加强现有教师队伍的建设。第一，高职院校应建立招聘高水平教师的相关政策，增加招聘的渠道，增加投入招聘一些具有较高技能水平和较高素质的计算机工程技术人员，以充实现有的师资队伍。第二，对现有教师的培训体系进行充分完善，并推荐教师到企业中学习，从而打造出一个教学能力强的教学团队。

（三）建立教学平台

高职院校计算机专业实践教学工作应与社会企业中的实际需求进行结合，具体可以采用学校与企业合作的方式搭建最为合理的实践教学平台。学校和企业的共同参与，使得计算机专业教学与企业对于岗位的实际需求充分的结合在一起。可要求企业中的优秀技术人员与学校方面共同成立实践教学指导部门，为学生的实践环节提供指导，让企业能够融入实践教学当中，为学校和企业之间的长期合作提供良好的保障。

（四）重视实践过程

高职院校计算机应用专业实践教学过程具体包括实践内容、实践方法和考核方法。具体的实践内容应以项目实践为主，项目实践过程应以提升学生的实践操作能力为主，通过与企业合作及时对实践项目进行更新，使学生所学习的实践内容能够与企业需求更加贴合。实践方法的选择应以学生为主，并成立符合社会实际并具有高科技内容的实践教学场所，充分发挥教学资源的重要作用，把企业中的项目应用于实践教学环节当中。考核方法的制定，应将实践操作能力纳入考核体系当中，通过这种方式督促学生积极认真地学习实践操作技能。

（五）加强实践管理

对于实践教学过程的管理，应设立专门的管理部门，该管理部门应由技术人员和教师组成，对于学生的实践过程给予指导和帮助，并对具体的实践教学活动进行合理安排，确保实践教学活动的顺利开展。

对于质量保障体系的建立应结合高职院校自身的实际情况，同时也要符合社会的发展需求，从而构建完善有效的质量保障体系，使学生能够在实践教学过程中摄取更多的养分，成为真正优秀的人才。同时，质保体系的构建也应结合学生的特点在实践教学过程中因材施教，从而使学生能够在未来的工作岗位中真正展示自身的优势。

第二节　高职院校计算机应用专业实践教学质量保障体系

高等职业教育的目的是培养具有必要的理论基础和较强的技术开发能力，能够学习和运用高新技术知识，创造性地解决生产经营与管理中的实际技术问题，能够与科技和生产操作人员正常交流，传播科学技术知识和指导操作的应用型高层次专门人才。对于计算机应用专业来说更是如此。随着科技迅猛发展，信息化时代的来临，各行各业对计算机应用专业人才的需求越来越具体化、能力化、实践化。为此，高职院校计算机应用专业应打破原有的保守计划，将理论与实践、知识和能力有机地结合起来，加强学生动手能力的培养，将实践教学贯穿人才培养的全过程。由此可见，构建切实可行的高职院校计算机应用专业实践教学质量保障体系具有重要作用，甚至可以说高职院校计算机应用专业实践教学质量保障体系决定了高职院校计算机应用专业教育人才培养目标的实现。

一、高职院校计算机应用专业实践教学质量保障体系的内涵

要建立高职院校计算机应用专业实践教学质量保障体系，先要深入

分析高职院校计算机应用专业实践教学质量保障体系的内涵和结构，并在此基础上构建和完善实践教学质量保障体系，从内涵上提高人才培养质量。

（一）高职院校计算机应用专业实践教学的内容

高职院校计算机应用专业实践教学的内容通常包括课内实验、校内综合实训（课程设计、技能训练、项目实训等）、专业顶岗实习、毕业设计等。实践教学体系通常由硬件和软件组成，硬件包括校内外实践教学基地，软件包括实践教学管理制度、人才培养方案、实践教学大纲、实践指导书、教师资源、课程资源、项目案例等内容，整个体系是教师开展实践教学的依据，是学生实践能力培养的具体体现。

高职院校计算机应用专业实践教学具有很强的实践性和应用性，能帮助学生掌握必要的技术、方法、设备和科学的研究方法，是培养学生的科学精神和创新意识的重要手段，学生可以通过实践得到综合素质的训练。提高对高职院校计算机应用专业实践教学重要性的认识是深化实践教学改革的关键。高职院校计算机应用专业实践教学是课堂教学的重要延续和发展，学生通过对高职院校计算机应用专业实践教学过程加深对计算机学科中的基本概念、基本理论及其操作应用的理解，逐步实现独立操作，验证和巩固所学的计算机知识。

（二）教学质量

关于教学质量含义的认识有两种观点，第一种观点是根据教学本身所固有的传授性、示范性、启发性、递进性和社会性，认为教学质量是满足学生本身、高职院校管理者、学生家长和社会上的相关部门对教学要求的程度。第二种观点则是从教学效果方面对教学质量进行定义，认为教学质量是教学效果的体现，是教育价值的表现形式，即学生知识、能力、素质的变化与教学目标的符合程度，或者说是学生的发展变化达到某一标准的程度以及不同的公众对这种发展的满意度。

"教学"是"教"与"学"的含义，"教"是传授知识，"学"是接受知识，是教师与学生两大主体之间的活动，有别于"教育"这一概念。"教育"是"教"和"育"的含义，"教"是传授知识，"育"是培养人，"教育"就是通过传授知识培养人。"教学质量"是指知识传递过程的质量，取决于两方面合力：一是知识输出质量；二是知识接受质量。前者考查知识传授者"教"的水平，后者考查知识接受者"学"的水平，二者呈互动关系，"教"促进"学"，"学"印证"教"，"教"与"学"互为前提，互相促进，共同提高。因此，评价"教学"质量侧重过程评价、动态评价、环节评价以及内部评价。

从教学系统上看，教学是一个过程，是一个教师为学生提供知识、帮助学生提高自己能力的过程，包括教学输入、教学准备、教学输出三个方面。而教学质量是指学生在知识、能力、价值观等方面的增量，是整个教学系统环节综合作用的结果。高职院校作为一种为"顾客"提供服务的实体，其直接顾客是学生，间接顾客是政府、企事业单位等。教学质量即满足顾客的需求，需求的满足通过服务过程即教学过程实现。

（三）教学质量保障体系

"质量保障"这一术语最早起源于工商界，是指厂家或者产品生产者向用户提供的产品或服务持续达成预定目标以使用户满意的过程。体系是指若干有关事物按照一定的秩序和内部联系而组成的具有一定结构和特定功能的统一整体。质量保障体系是厂家或者产品生产者企业以保证和提高产品质量为目标，运用系统的原理和方法，设置统一协调的组织机构，把各部门、各环节的质量管理职能严密组织起来，形成一个有明确任务、职责、权限、互相协作、互相促进的质量管理有机整体。在工商界形成的关于质量保障的基本思想逐渐应用于高职院校教学领域当中，形成关于教学质量保障的理论。教学质量保障体系是指为了达到学校人才培养目标，将对教学产生重要影响的各项教学、管理活动有机结合起来，从而形成一个能够保证达到预期教学质量目标并能保持稳定性的统一整体。

（四）高职院校计算机应用专业实践教学质量保障体系

在高职院校背景下，质量保障就是根据预先制定的一系列质量标准与工作流程，要求学校全体员工发挥主观能动性，认真实施并不断改进教育教学计划，从而达到既定教育质量目标，逐步达到学校总体目标的过程。而高职院校计算机应用专业实践教学质量保障体系是以高职院校计算机应用专业实践教学质量保障活动和实践教学质量保障机构作为基础，以保障和提高高职院校计算机应用专业实践教学质量作为目标，依据已制定的质量标准，按照一定的运行规则，采用特定的管理策略和管理手段保障高职院校计算机应用专业实践教学质量的一系列理论和方法。高职院校计算机专业实践教学质量保障体系的建立是为了进一步完善实践教学质量管理，加强实践教学质量控制，有计划、有步骤地开展教学活动，培养面向高新技术产业和现代信息服务业、熟练掌握计算机应用技能的高素质应用型人才。

与高等教育质量保障体系类似，高职院校计算机应用专业实践教学质量的形成和发展既受学校内部各个环节的影响，同时也受学校外部的经济、文化等环境的影响，因此高职院校计算机应用专业实践教学质量保障需要学校内、外部因素的协同保障。根据实施教学质量保障的主体不同，高职院校计算机应用专业实践教学质量保障体系可分为内部保障和外部保障两个子体系。内部保障体系是学校乃至计算机应用专业教学团队为提高计算机应用专业实践教学质量而与外部保障活动相配合建立起来的组织与系统，主要负责高职院校计算机应用专业内部的实践教学质量保障。外部保障体系通常是全国性或区域性的高职院校教学质量保障机构，其成员包括高教界与高教界之外的专家，他们由政府或某个作为其领导部门的专业和行业组织进行任命，主要负责领导、组织、实施、协调高职院校实践教学质量的鉴定活动与监督高职院校内部实践教学质量保障活动。高职院校计算机应用专业教学质量的内、外部保障体系有机结合，以内为主、以外促内、内外并举，共同实现对高职院校计算机应用专业实践教学质量予以保障的功能。

二、高职院校计算机应用专业实践教学质量保障体系的功能

（一）鉴定功能

高职院校计算机应用专业实践教学质量保障体系构建完毕以后，高职院校有关人员就可根据该体系中既定目标和标准，评判该专业实践教学质量，进而判断该专业实践教学活动是否已达到预定标准。

（二）诊断功能

高职院校计算机应用专业实践教学质量保障体系在实行其鉴定功能的同时，还具有诊断功能，即这一体系在判定学校计算机应用专业实践教学质量是否达到已制定的目标和标准的同时，还能分析该专业在整个实践教学过程中的得失成败，吸收成功经验，规避失败教训，并且深入分析得失成败的根源，提出应对措施，供决策人员参考。

（三）调控功能

高职院校计算机应用专业实践教学质量保障体系构建出来以后，有利于高职计算机实践教学本身、政府与教育主管部门、师生个体这三大方面发挥强大的调控功能，促进高职院校计算机应用专业实践教学质量的提高。一是高职院校计算机应用专业实践教学本身的调控。通过构建高职院校计算机应用专业实践教学质量保障体系，可以及时准确地获取有关实践教学的反馈信息，并根据已获取的信息调整实践教学活动，有利于保障和提高高职院校计算机应用专业实践教学质量。二是政府与教育主管部门的调控。政府与教育主管部门可以根据实践教学质量评估结果，适当调整、改进相关教育政策。三是师生个体的调控。高职院校计算机应用专业师生可以通过健全的实践教学质量保障体系，全面了解自己的教学与学习成果，找出需要改进的地方，采取有效应对措施，使自己朝着原定目标前进。

（四）监督功能

高职院校计算机应用专业实践教学质量保障体系构建出来以后，该

专业的实践教学质量评估与保障活动便有了制度上的保障。政府与社会可通过高职院校自身或外部评审专家的评审报告，了解高职院校计算机应用专业实践教学的质量状况。这对于高职院校计算机应用专业本身而言，外界对其实践教学质量状况的了解与认识以及其在社会中的形象，有助于提升其在教育资源上的竞争力。因此，高职院校计算机应用专业应当重视自身实践教学质量的提高和各种类型实践教学质量保障活动的开展，提高计算机应用专业人才培养质量，使高职院校计算机应用专业实践教学活动自觉地处于社会监督之下。另外，在高职院校内部，全体师生还可以通过制度化的实践教学质量保障体系监督高职院校计算机应用专业实践教学的开展情况，确保其按既定实践教学工作计划进行，逐步达到实践教学质量的最终目标。

（五）导向功能

高职院校计算机应用专业实践教学质量保障体系的导向功能主要表现在导向教师和专业发展两个方面。首先是导向教师方面。健全的、制度化的实践教学质量保障体系对教师的导向功能可分为隐性引导和显性引导。隐性引导是指高职院校计算机应用专业实践教学质量政策与质量文化对教师能够起到潜移默化的作用；而显性引导是指高职院校计算机应用专业实践教学硬性的质量保障措施对教师的开展教学活动的引导与规范。其次是导向专业发展方面。高职院校计算机应用专业通过已构建的实践教学质量保障体系，可以及时了解社会对高职院校计算机应用专业人才培养需求、期望和基本评价，发现自身在满足社会需要方面存在的优点与不足，从而引导本专业学生明确自己的发展方向，积极调整本专业实践教学目标，保障和提高实践教学质量，培养适合社会生产需要的高素质计算机应用专业人才。

（六）激励功能

高职院校计算机应用专业实践教学质量保障体系的构建有利于高职计算机应用专业社会透明度的增加，从而促使本专业学生对自身有一个正确的评估，对本专业的生存与发展进行反思，增强本专业对学生、对学校、对政府和对社会的责任感，增强本专业实践教学质量意识和效益意识。此外，学校其他专业和社会可通过本专业已构建的实践教学质量保障体系了解本专业实践教学质量，促使计算机应用专业关注本专业与本校其他专业的差距以及本专业的社会声誉，增强本专业的荣誉感和危机感，以刺激本专业不断进取，不断改革。

三、高职院校计算机应用专业实践教学质量保障体系的主要模式

高职院校计算机应用专业实践教学质量保障体系的模式是指在特定的方法论指导下，采用特定的管理策略和管理手段对高职院校计算机实践教学质量实施保障的一整套理论和实践行动。由于高职院校实践教学质量观趋于多元化以及所采用方法论基础各异，高职院校计算机应用专业实践教学质量保障体系的模式也不尽相同。

（一）系统流程模式

高职院校教学质量的形成及发展过程与高职院校的输入、过程和输出的系统流程密切相关。因此，以系统流程出发保障高职院校计算机实践教学质量是十分必要的。

（二）全面质量管理模式

全面质量管理的要点是把组织管理、数理统计和现代科学紧密地结合起来，建立一整套质量保障体系，从而有效地利用人力、物力、财力、信息等资源，提供令顾客满意的产品或服务，其理论精髓是"三全"学说，即全面的质量、全过程和全员参与。

对于高职院校计算机应用专业而言，由于其职能是为生产、建设、管理和服务第一线输送具有较高计算机应用技能的专门人才，其"产品"同样存在质量高低的问题。所以，对高职院校计算机应用专业实践教学质量进行全面质量管理显得尤为重要。高职院校计算机应用专业实践教学质量管理的全过程指的是高素质计算机应用技能专门人才培养的

整个过程，即从市场调查、专业人才培养方案修订开始，直到毕业顶岗实习、毕业就业指导的全过程。全方位管理不仅是知识、技能教学层面的管理，还包括与人的全面发展有关的所有工作的质量管理。全员管理是指高职院校各个部门、各个单位的全体教职员工都要积极服务于教学，积极参与教学质量管理。

（三）动态监控模式

高职院校计算机应用专业实践教学质量是在动态的运行过程中逐步形成的，动态监控模式就是在动态的实践教学过程中对影响教学质量的最主要因素加以调适和监控。它由目标保障、投入保障、过程保障和监督保障四个方面组成。

高职院校计算机应用专业实践教学质量是以高职院校计算机应用专业所培养出来的学生与目标的符合程度衡量的，所以目标保障是保证高职院校计算机应用专业实践教学质量的前提。

目标保障是指行为主体在目标运行过程中对目标进行确定、调整、修订等过程。由于质量是一种动态的状态，它会随着时间的推移和环境的改变而改变，所以作为反映社会需求的质量标准也会不断改变。高职院校作为目标保障的行为主体，应根据社会的反馈信息，在政府的指导下及时地对目标进行调适，使之更好地发挥导向作用。

实践教学活动的开展需要一定的投入，投入状况直接影响高职院校计算机应用专业实践教学质量，所以投入保障是保障高职院校计算机应用专业实践教学质量的重要条件。投入保障一般包括人力、物力和财力的投入。政府作为主要办学者是投入的主体，社会作为教育的受益者同样负有投入的责任，学校则应有合理支配和使用人力、物力和财力的责任。

高职院校计算机应用专业实践教学质量是"教"和"学"二者充分发挥作用而产生的。因此，保障高职院校计算机应用专业实践教学的整个过程的顺利开展是保障人才培养质量的核心。过程保障的承担者在于学校，它负责保障形成最终结果的全过程，对影响质量的各个环节进行监控和调适。

高职院校培养出来的计算机应用专业人才应满足社会生产的需要，所以必须建立外部监督保障，对高职院校计算机应用专业实践教学质量进行监督、检查和评估，以保证高职院校计算机应用专业人才培养沿着市场需要的方向发展。所以，监控保障方面是保障高职院校计算机应用专业实践教学质量的关键。全国性或区域性的高职院校教学质量保障机构是监督保障的主体，它以其权威性承担着政府或社会委托的监督、检查和评估的职责。

（四）ISO9000 质量管理模式

ISO9000 质量管理模式是 ISO9000 族的核心标准。ISO9000 族标准是国际标准化组织颁布的世界通用的质量管理和质量保障标准，是全世界质量科学和管理技术的精华，是管理思想和经验的总结，它最早被应用于工商业界，后来被逐渐应用于教育领域。在教育领域中引入和实施 ISO9000 族标准，建立科学有效的教学质量保障体系，是提高学校教学质量的有效举措。由此可见，在高职院校中推行 ISO9000 质量管理模式是高职院校发展的必然。

高职院校计算机应用专业实践教学应建立科学、合理、规范、实用性广的质量保障体系，同时，将 ISO9000 质量管理模式引入高职院校计算机应用专业实践教学质量保障体系，并在准确理解和规范应用标准的基础上构建一套行之有效的实践教学质量保障体系，大大有利于高职院校计算机应用专业实践教学质量的提高，促使高职院校计算机应用专业人才培养目标的实现。

ISO9000 质量管理模式的管理思想蕴含了预防、监督和持续改进等科学管理机制。高职院校计算机应用专业实践教学质量保障引入 ISO9000 质量管理模式，形成完整的文件控制系统，能使实践教学质量的每一个过程及构成要素在实践全过程中的不同环节均处于受控状态，确保高职院校计算机应用专业具有持续提供符合学生、家长和社会要求的实践教学能力；并通过对实践教学过程、管理过程和服务过程的管理与控制，实现培养符合社会生产需要的高素质计算机应用专业人才的目标。

总而言之，高职院校计算机应用专业实践教学质量保障模式形式多样、内容丰富，各高职院校乃至各不同专业可依据自身具体情况，选择恰当的质量保障模式。

第三节　构建高职院校计算机应用专业实践教学质量保障体系

由于高职院校计算机应用专业实践教学是一项复杂的系统活动，影响实践教学质量的因素涉及计算机应用专业本身乃至整个高职院校内部和社会的各个方面。因此，高职院校计算机应用专业实践教学质量保障体系的构建不可能依据某一指标或一组类似的指标，必须尽可能考虑学校各方面的通力合作。

一、构建高职院校计算机应用专业实践教学质量保障体系的基本原则

（一）服从培养目标的原则

构建高职院校计算机应用专业实践教学质量保障体系，要遵循以高等教育特别是高等职业教育规律和本专业培养为社会生产、服务、管理第一线需要的高素质计算机应用技能型人才目标，突出高职院校计算机应用专业实践教学的基本特征。

（二）科学性原则

设定高职院校计算机应用专业实践教学质量保障体系的内容及每一

项指标时都必须经过科学论证使每项指标都有科学依据，同时得到高职院校的专业技术人员或管理人员认可，能直接反映高职院校计算机应用专业实践教学质量特性，各指标名称、概念要科学、确切。

（三）系统性、可比性原则

构建高职院校计算机应用专业实践教学质量保障体系是一个涉及多方面的系统性问题，该体系的内容和指标构成的设计应先明确构建本体系的目标，在此前提下，按既定目标要求，全面系统地设计、确定保障体系的内容和各项指标。整个高职院校计算机应用专业实践教学质量保障体系要有系统性，形成一个闭合的回路，各项指标构成要素应有可比性。

（四）可操作性、真实性原则

构建高职院校计算机应用专业实践教学质量保障体系时，保障体系的内容要具体，构成指标必须切实可行，指标定义要明确，便于指标数据采集，保证真实可靠。该体系在操作上要具有可行性，要有明确、便于操作的指标，能真实反映计算机应用专业实践教学的客观情况。

（五）持续性原则

构建高职院校计算机应用专业实践教学质量保障体系要从持续提高实践教学质量的动态发展观出发，促使高职院校计算机应用专业实践教学质量不断改进和持续发展，及时了解实践教学质量需求而进行持续性管理，并从制度制定上确保实践教学质量持续提高。贯彻持续性原则要坚持持续提高实践教学质量的动态发展观理念，充分认识实践教学质量的提高只有起点，而没有终点，把不断提高实践教学质量，从而促使高职院校计算机应用专业人才培养质量的提高作为永恒目标。

二、高职院校计算机应用专业实践教学质量保障体系的内容

（一）输入质量保障

输入质量保障是为实现高职院校计算机专业培养高素质计算机应用

职能技能人才目标所需要的各种条件的整合，其主要功能在于帮助决策者利用已有条件解决问题。只有加强输入质量保障，才能通过优化资源配置，保障实践教学质量。输入质量保障主要包括实践教学目标理念、校企合作质量、师资队伍质量和实践教学基地建设质量等方面。

1. 实践教学目标理念

只有明确了高职院校计算机应用专业的实践教学目标理念，才能指导全体成员向着一个方向前进；只有让全体成员都熟悉和认同高职院校计算机应用专业的实践教学目标理念，才能得到最大的支持，让计算机专业实践教学整体目标与各个成员的个体目标完美结合，形成合力，从而保障和提高实践教学质量。

2. 校企合作质量

校企合作的核心内容就是企业和学校紧密合作，共同完成对高职院校计算机应用技能人才的培养。高职院校计算机应用专业要主动了解企业的需要，企业则应对高职计算机专业办学提供人力、物力等方面的支持，帮助解决学生实习和就业问题。校企合作的质量直接关系着为国家培养高素质计算机职业技能人才的质量、企业竞争力和高职院校计算机专业实践教学质量的协调发展，涉及国家、企业、学校的共同利益，所以需要各方面通力协作推进这一事业。

3. 师资队伍质量

加强师资队伍建设是保障高职院校计算机专业教学质量的关键，主要可从制定切实可行的师资队伍政策、完善师资队伍结构和教师自身素质的提高三个方面着手，积极建设一支数量适当、结构合理、素质优良、专兼结合的实践教学师资队伍。

4. 实践教学基地建设质量

实践教学基地是保障高职院校计算机应用专业实践教学质量所必不可少的条件，有必要制定完善的实践教学基地建设规划，并按此规划循序渐进，建立稳定、高质量的校内、外实践教学基地。基地建设应注重数量和质量并重，在数量上满足实践教学的需要，在质量上达到优质的标准，并积极鼓励高职院校计算机专业寻找社会资源应用于高职院校实践教学环节。

（二）过程质量保障

过程质量保障是根据高职院校人才培养目标的总体要求，对实践教学过程中的各个环节、各项教学活动进行合理组织，建立稳定的、协调的、有活力的教学秩序，确保教学工作顺利开展的过程。它主要包括实践教学管理质量和实践教学环节质量两个方面的内容。

1. 实践教学管理质量

实践教学管理是对教师、学生、设施手段、形式方法及其相互关系的组织协调，服务监控，以达到整体优化，全面实现高职院校实践教学目标的活动，其核心是实践教学质量管理。实践教学管理质量的主要内容是建立合理的管理组织与队伍，形成完善的教学管理制度，把加强专业建设、课程建设、教材建设、师资队伍建设、实践基地建设以及日常教学运行等有机地结合，从整体上研究、监控高职院校计算机应用专业实践教学质量，推动实践教学质量的稳步提升。

2. 实践教学环节质量

实践教学环节是培养学生具备娴熟的计算机应用职业能力和创新意识，实现高素质计算机职业应用型专门人才培养目标的重要环节。所以加强实践教学环节质量的管理，对于切实保障高职院校计算机应用专业实践教学质量，推进学生职业技能教育和实践动手能力的培养，深化高职院校计算机应用专业实践教学改革，有着重要意义。高职院校计算机专业可通过实践教学内容、教学方法手段改革和考核模式改革等方面开展工作，保障实践教学环节质量。

（三）输出质量保障

输出质量保障是测量和判断高职院校计算机专业实践教学所取得的成效，它仍然是质量控制的一种手段。最终的评定是针对输入质量保障、过程质量保障和输出质量保障三个方面同时发挥作用所产生的效用而进行的总体评定。根据学习的客观规律和社会需求，把输出质量保障分为学生学习质量和社会输出质量两方面内容。

1. 学生学习质量

学生学习质量的效果是评价高职院校计算机应用专业实践教学效果的重要依据，也是衡量高职院校计算机专业人才培养质量的根本尺度。学生学习质量保障是高职院校计算机应用专业实践教学质量保障的一个重要组成部分，主要是从学生的角度考察计算机应用专业实践教学质量。高职院校实践教学学生学习质量包括学生职业能力和学生职业资格证书通过率两方面。

2. 社会输出质量

社会输出质量是社会用人单位依据人才适用性原则对高职院校计算机应用专业所培养出来的人才作出的价值判断。它主要是从高职院校外部角度考查高职院校计算机专业实践教学质量，包括社会对毕业生的评价和毕业生当年就业率等。其中学生就业率更是反映高职院校计算机应用专业办学效果的重要标志之一，而高职院校计算机应用专业实践教学质量直接影响学生的就业率。在高职院校学生求职就业过程中，用人单位最看重的是毕业生的计算机应用职业能力，高职院校学生只有在不断提高自身职业技能的同时提升自己的综合素质，才能在竞争激烈的求职中取胜。

三、高职院校计算机应用专业实践教学质量保障体系内容的指标构成

明确了高职院校计算机应用专业实践教学质量保障体系的内容之后，充分考虑访谈结果中关于输入质量保障、过程质量保障、输出质量保障的指标构成情况，结合访谈结果，参考教育部相关规定的要求，确定高职院校计算机应用专业实践教学质量保障体系内容的指标构成和等级标准。

（一）指标构成

高职院校计算机应用专业实践教学质量保障体系内容的指标构成是

对高职院校计算机应用专业实践教学质量进行评价与研究的参考，它是影响高职院校计算机应用专业实践教学各种关键因素的有机组成。

（二）指标构成的内涵与等级标准

通过第二阶段的访谈，明确输入质量保障、过程质量保障和输入质量保障等方面所包括的内容，剔除非关键因素，着重从实践教学目标理念、校企合作质量、师资队伍质量、实践教学基地建设质量、实践教学管理质量、实践教学环节质量、学生学习质量和社会输出质量等二级指标构成高职院校计算机应用专业实践教学质量保障体系。

1. 实践教学目标理念指标

合理的实践教学目标理念为高职院校计算机应用专业实践教学质量保障指明了方向，有了方向才会有前进的动力，才能有力促进高职院校人才培养目标的实现。

关键是实践教学目标的理念的定位必须明确具体，切实可行。对于高职院校计算机应用专业而言，应该将其定位在培养学生娴熟的计算机应用操作能力，能适应当今社会信息技术行业实际工作需要。另外，实践教学目标制定以后，还必须让师生了解这一理念，也就是说，要加强实践教学目标理念的认知度，促使师生朝着既定目标前进。

2. 校企合作质量指标

校企合作质量指标主要可以从校企合作实施状况以及教师参加企业科研、培训这两方面衡量校企合作的质量。校企合作实施状况取得成功体现在学校计算机应用专业形成了以社会人才市场和学生就业需求为导向，以 IT 企业为依托的校企合作教育机制；而企业为实践教学提供了充足的师资，并能持续选用毕业生。教师参加企业科研、培训方面就显而易见了，指教师能利用自身专业知识为企业创造利益，服务于社会。

3. 师资队伍质量指标

首先是教师职称、年龄结构的合理性，"双师型"素质教师比例，是否形成了以专业带头人、学术与教学骨干为核心的计算机应用专业教学团队。其次是教师是否积极参加企业生产实践和科研，提高实践教学能力，完善自身素质。最后是学校是否制定了有利于促进师资队伍建设的师资政策，是否有利于引进高素质教师和促进在职教师参加进修。

4．实践教学基地建设质量指标

实践教学基地建设质量指标包括两个方面：一是实践教学基地的建设规划；二是实践教学基地本身的质量，实践教学设备先进、数量充足，满足实践教学需要。根据本专业发展需要制订实践教学基地建设规划，包括校内实训室建设、实验设备购置等，并取得一定的建设成效。实践教学基地分为校内实践教学基地和校外实践教学基地。对于校内实践教学基地而言，设施先进，现代技术含量高，具有真实（仿真）的IT职业氛围和教学工作一体化的功能并形成系列，能满足学生计算机应用技能训练的需要。而对于校外实践教学基地而言，有稳定的能满足大量计算机专业学生顶岗实习要求的校外实践基地，有协议、有计划、有合作教育组织，企业实习指导人员数量、素质、结构、责任感满足校外实践教学需要。

5．实践教学管理质量指标

一是组织体系健全，队伍的数量和结构适当，服务意识和创新精神强，工作绩效好的管理组织与队伍；二是健全、规范的实践教学管理制度。

6．实践教学环节质量指标

首先要确定教授的内容，它的广度、深度要适合学生的实际情况，内容更新要及时，跟得上当今计算机技术发展的潮流。其次是教学方法的选择，尽量利用实验室，教学做一体化。应该在教学内容、方法和考核模式上进行改革，激发学生的学习兴趣。比如"网页制作"课程，教师在讲完课程后，让学生根据课程内容制作网页，甚至可以开展一些比赛，让大家评选最佳方案，一定可以提高大家的学习兴趣。

7．学生学习质量指标

一般情况下，衡量学生学习质量可以通过查看学生学业成绩这个途径，但对于计算机应用专业实践教学而言，主要可以通过现场抽测学生掌握计算机应用技能的情况，考查学生职业技能操作能力；另外也可以参考学生职业资格证通过率。

8．社会输出质量指标

高职院校计算机应用专业其实也相当于一个"工厂"，而学生就是这个"工厂"生产出来的"产品"，判断这些"产品"是否符合社会需要，一个最直接的指标就是学生的就业率，而企业之所以录用学生，毫无疑问是看中了学生的职业技能，职业技能恰恰就需要学生在实践教学过程中学习和慢慢积累。学生一毕业就被用人单位签约，毫无疑问，这个专业实践教学的开展是成功的。

四、构建高职院校计算机应用专业实践教学质量保障体系的具体措施

在明确高职院校计算机应用专业实践教学质量保障体系的输入质量保障、过程质量保障和输出质量保障三项内容及其指标构成的基础上，高职院校计算机应用专业可以根据自身实际，找准专业本身在实践教学质量保障环节上存在的问题，有针对性地采取应对措施，促进实践教学质量保障体系的完善，从而达到保障和提高实践教学质量的目的。

（一）制定切实可行的实践教学目标

实践教学目标体系的制定围绕计算机应用职业岗位能力展开，坚持学生为本、教学为中心、质量为核心、就业为导向，以市场人才需求为依据，突出高素质技能型专门人才培养的针对性、灵活性和开放性。面向高新技术产业和现代信息服务业积极开展人才培养模式改革，培养熟练掌握计算机软硬件系统、信息管理及网络技术的基本知识、基本技能，熟练掌握常用的软件开发工具，能够从事计算机软硬件应用和维护、网络工程构建与维护、IT系统运行维护管理、网站建设与管理等专业方向的高素质技能型人才。实践教学目标确定以后，应组织计算机专业师生熟悉这一目标理念，使得他们逐步认识到实践教学质量保障体系建设是专业发展的需要，也与个人自身发展息息相关。

（二）构建适应校企合作需要的实践教学运行机制

高职院校计算机专业开展校企合作的本质是学校教育与社会需求的紧密结合，其重要特征在于学校与企业双方共同参与教学和管理，使企业计算机职业岗位技能要求与计算机专业教学有效结合。让企业介入高职院校计算机专业的实践教学过程中，有目的地培养企业真正需要的高素质计算机专业技能人才。计算机专业可邀请现代信息技术含量高的企业的能工巧匠和人力资源专家组成实践教学指导委员会，紧贴信息技术行业需求，共同开展实践教学工作。同时，根据校企合作需求，共同制定有关实践教学运行与管理的制度和办法，对高职院校计算机专业人才培养的全过程进行科学、规范的规定，为校企合作长效运行提供保障。

（三）加强师资队伍建设

强化人才是高职院校计算机专业发展第一资源的观念，按照培养和引进相结合的原则，进一步建立健全人才使用和引进机制。制定优惠政策，大力引进具有研究生学历和副高职称以上的优秀人才，充实计算机专业实践教学团队；拓宽人才引进渠道，加大生产企业第一线的工程技术人员和高级技师等技术、技能人才的引进力度；进一步完善在职教师的培训进修制度，确保师资队伍综合素质的稳步提高。建设一支年龄和职称结构合理、专业水平高、创新能力强的"双师型"教师队伍。

（四）加强实践教学基地建设

实践教学基地是实施计算机应用职业技能训练和技能鉴定的基础保障。实践教学基地的设备配置要确保其技术含量和现代化程度符合目前社会生产实际对计算机专业人才的需求。同时，其配置还要兼顾实践教学体系与职业技能鉴定的顺利实施，基本技能训练与创新能力训练的正常开展。高职院校计算机专业可通过吸纳社会办学资源，充分发挥计算机实践教学基地服务于社会的技能培训和职业资格鉴定功能。

（五）建立一个管理体系和制度体系并重的实践教学管理系统

首先，合理地设置实践教学管理体系，建立由专业带头人主要负责、其他相关人员密切配合的管理体系，该管理体系负责本专业实践教学安排、管理与协调，负责归属本专业的校内、外实践教学基地建设与管理。本体系还应当有现代信息技术行业的技术专家与本专业教师共同组成专业指导委员会，定期开展活动，对实践教学目标、内容和方法等给予帮助。其次，合理地制定制度体系，确保制度体系的完整性和系统性，使实践教学工作的开展有章可循，保证实践教学活动顺利进行，提高实践教学质量的基本保证。高职院校计算机专业的实践教学的制度体系包括实践教学计划、实践教学课程标准、实践指导书和学生实践手册等实践教学文件和各实践教学环节管理制度。

（六）改革实践教学环节

从实践教学内容、教学方法和考核模式三个方面着手，改革高职院校计算机专业实践教学环节，有效保障实践教学质量。首先，实践教学内容选择要按照使用计算机应用实践能力培养原则组织，充分体现以计算机职业技能为中心的特点，而且实践教学内容针对性强且更新及时。其次，教学方法要充分利用实践教学基地和先进的计算机信息技术，把先进的教育技术成果运用于实践教学的过程中。最后，实践教学的考核模式改革需要建立完善的考核标准，进行全面考核，使学生真正掌握有关计算机职业实际操作技能，充分体现高职院校计算机专业人才培养的特点。

（七）注重培养学生职业能力和提高学生职业资格通过率

高职院校计算机专业应当把培养学生动手能力、实践能力和可持续发展能力放在突出地位，促进学生计算机职业技能的培养。要依照国家关于计算机职业标准及对学生就业有实际帮助的相关职业证书的要求，调整实践教学内容和教学方法，把职业资格证鉴定和培训纳入实践教学体系之中，将证书课程考试大纲与实践教学大纲相衔接，强化学生技能训练，使学生在获得学历证书的同时，顺利获得相应的职业资格证书，提升学生的就业竞争力。

（八）引导学生做好职业生涯规划

高职院校计算机应用专业应注重引导学生做好科学的职业生涯规划，建立学生就业指导长效机制，从学生进入学校开始就对他们灌输职业理想、职业道德、就业政策、健康择业心理和择业价值取向等知识，培养学生正确的成才意识，为他们指明成才道路，帮助学生形成良好的职业态度，并要求学生关注专业人才市场对于计算机应用相关职业条件要求的变化，据此完善自己的知识结构，锻炼职业要求的能力。此外，高职院校计算机专业可通过开设具有计算机应用专业特色的就业指导课程，把就业指导和职业生涯规划贯穿整个日常实践教学过程，潜移默化地加强学生求职应聘技能的培训，组织学生参加专业的人才招聘会，增强学生求职应聘的感性认识和实践经验，提升学生的就业竞争力。

第六章 高职院校
校企深度合作办学的经验

第一节 高职计算机教育校企合作办学的
必然选择

一、构思、设计、实现、运作理论引领高职计算机教育改革的潮流

构思、设计、实现、运作是"做中学"和"基于项目教育和学习"的集中概括和抽象表达。该模式以工程实践为载体，以培养学生掌握基础工程技术知识和实践动手能力为目的，在新产品的开发过程中引导创新，使知识、能力、素质的培养紧密结合，使理论、实践、创新合为一体，通过各种教育方法弥补工程专业人才培养的某些不足。

构思、设计、实现、运作理论模式是能力本位的培养模式，是根本有别于学科知识本位的培养模式。对学生能力的评价不仅来自学校教师和学生群体，也来自工业界。评价的方式还应多样化，构思、设计、实现、运作理论是对传统教育模式的颠覆性改革。

二、高职计算机教育教学中应用校企合作模式的意义

（一）有利于加强学生对知识的实践能力

校企合作能够有效促进学校教学质量的提升，将高职院校的课程教育与企业单位的管理制度相融合，形成有效的教育教学模式。在校企合作过程中，能够实现校企双方的资源共享，有效提高学生的实践能力、

增进学生的综合学习效果。有效的校企合作模式能够将学生在校所学到的理论知识得到实践验证的机会，让学生看到自身的不足，及时进行改进，使得学生的专业技能能够迎合企业的文化理念，有效促进校企合作机制的进一步完善。

（二）有利于学生形成正确的就业观念

在高职计算机教育教学过程中实行有效的校企合作模式，让学生在企业实习过程中汲取企业的优秀文化，将所学专业技能得到有效地实践，同时，能够帮助学生实现从学校受教育到企业工作的过渡缓和，帮助学生形成正确的职业观，培养学生良好的职业道德素质和行为规范，为学生日后的正式工作奠定坚实的职业素质基础。

三、高职计算机教育过程中应用校企合作的有效策略

（一）企业文化与专业教学相融合，培养学生的职业素养

在高职计算机教育过程中应用校企合作模式，教师要将企业文化充分融入专业教学过程中，有效锻炼提高学生专业知识的实践操作能力和技巧，并加以正确地引导和讲解分析，有效培养学生的动手能力，实现理论知识与实践操作的最优融合。

（二）在教学过程中实行绩效管理法，培养学生的职业意识

在高职院校计算机教学过程中，为保证校企合作模式的有效实施，教师要在教学过程中实行绩效管理制度，促进学生职业意识的养成。在教学过程中，教师可以结合绩效管理法，对课堂所学知识进行考核。在此过程中，教师要充分转变传统考核方式，将理论和实践有效地结合起来，重视学生专业知识的实践应用能力。在高职院校教学过程中实行绩效管理法，让学生在课堂教学过程中感受职场管理制度的严苛，从而更加严格地要求自己，有效提高学生的实践效率，培养学生的职业意识。

（三）邀请企业管理者举办专题讲座，指导学生职业规划

为有效提升学生的就业能力，进一步提高学生的就业率，高职院校

在教学过程中，可以邀请相关行业和企业的专家学者举办"指导学生职业生涯规划"等类型的专题讲座，为学生分析职业规划对个人发展的重要意义，帮助学生树立正确的学习目标和就业观，有效建立积极的学习态度，确立清晰的职业发展方向。因此，在高职计算机教学过程中实行校企合作模式，学校要加强对学生职业规划的指导，让学生在实习过程中能够明确职业目标，促进学生的职业发展。

（四）学校和企业形成良好的合作关系与有效的合作机制

有效的校企合作模式需要学校和企业之间有着良好的合作关系，才能实现双赢的合作目标。学校通过校企合作，能够优化创新教学模式，加强对学生实践应用能力的培养，而企业在此过程中，能够不断优化其管理制度，促进企业的改革与发展，从而实现有效的校企合作机制。

第二节　高职院校校企深度合作办学

一、校外实习实训基地建设

校企合作是高职院校谋求自身发展、实现与市场接轨、大力提高育人质量、有针对性地为企业培养一线实用型技术人才的重要举措，其初衷是让学生在校所学与企业实践有机结合，让学校和企业的设备、技术实现优势互补、资源共享，以切实提高育人的针对性和实效性，提高技能型人才培养的质量。通过校企合作，企业得到人才，学生得到技能，学校得到发展，从而实现学校与企业"优势互补、资源共享、互惠互利、共同发展"的双赢结果。

如何使学生在良好的环境影响下获得最大值是每一个教育工作者应该考虑的问题。在学校这一具体环境中，学校文化建设与人的全面发展之间的双向互动关系日益明显，校园文化尤其是高职校园文化是历史积淀和现实环境的产物，它以相对的独立性、自由性、创造性和包容性等特点，对学生产生着极大的影响。校企合作办学的重要目标之一就是让学生切身感受企业文化，或者说对企业文化有一个基本的认识，以利于学生的全面发展。

校企合作办学的关键是选择合适的企业，建立稳定的校外实习实训基地。很多实力很强的企业未必适合建设实习实训基地，只有具备适合条件的企业才能作为高职院校的合作伙伴，这些条件包括：拥有专门的供学生学习的教学环境，如实训设备（计算机、网络、应用软件开发环境等）、场地、住宿、食堂、交通等，最好有一个比较独立的教学环境，能确保学生的学习和安全。拥有专职的师资和管理队伍，特别是师资，必须是来自一线的具有丰富实践经验的专职技术人员或项目经理，具有多年项目开发经验的人员。拥有丰富的真实项目案例（包括齐全的项目文档资料），这些来自生产实践第一线的项目案例能够锻炼学生的项目开发能力以及积累相关经验。开发了自主知识产权的教学资源，如教材、课件、教学软件、学习网站等，表明企业对教学很重视，并做了相关研究，积累了丰富的素材。和人才需求市场有着紧密的联系，或者说了解用人企业对人才的需求情况，帮助学校解决学生的就业问题，这也是校企合作办学的重要目标之一。

二、以人为本的实训机制

"以人为本"作为一种价值取向，其根本所在就是以人为尊、以人为重、以人为先。为了更好地体现以人为本的教学理念，高职院校可在多方面进行考虑与安排，具体体现在以下几点。

（一）提供多种实训选择

尊重并合理地引导学生的个性和差异性，为学生提供多元发展途径。为此，在专业方向、实训地点、实训企业、费用、时间等方面为学生提供多种选择，且为自主选择。

在专业方向方面，设立软件开发技术、嵌入式系统开发、软件测试、对日软件外包、数字媒体技术等多个方向，满足学生更好地个性化需求。

在实习实训企业的选择方面，也考虑多种选择。原则上，每个专业方向选择两家不同地区、服务与收费不同的企业，供学生选择。特别需要提到的是，实训的主体是学生，应该充分考虑学生的意见。

（二）其他以人为本的政策与措施

除以上政策措施外，在以人为本方面，高职院校还应做好以下几个方面工作。

第一，学生离开校园，到外地实训企业学习，安全自然是第一位的。因此，除了外出时履行告知学生家长、与实训企业签订安全管理协议、学生本人签署安全承诺书等措施外，学校出资统一给每个外出实训的学生购买意外伤害保险，保护学生的利益。

第二，第三学年，学生很多时间在企业实训，毕业设计也在企业进行（校企双方共同指导）。从客观实际来说，大学最后一个学期是学生最忙的学期，既要完成指定的实习实训任务，又要做毕业设计，还要解决就业问题，还有很多毕业环节的工作要按期完成。为了不影响学生的学习，也为了学生的安全，甚至为了学生减少经费开支，学校每年都派若干个教师组分赴各地，在企业现场组织毕业设计答辩（邀请企业技术人员参与）。

第三，人才培养方案中安排的实习实训可分阶段进行，只有最后的综合项目实训到企业进行，其他实训环节尽量安排在校内进行。具体做法是邀请企业的优秀技术人员来学校对学生进行培训，这样既能学到技术、培养能力，也可以节省学生不少经费。

第四，学校的院系领导、教研室主任以及教师代表每个学期都组队到实习实训单位考查、监督实习实训过程和效果，并召开学生座谈会，认真了解学生的状况，听取学生的意见和建议，跟学生谈心，解决实际困难，全方位地关心学生的成长。

三、跟行业接轨

校企合作办学既要让学生切身感受企业文化，又要让学生掌握行业标准的知识与技能，也就是专业知识与能力方面尽可能地与行业接轨，这样才有利于学生今后的发展，具体应做好以下几个方面的工作。

（一）5R 实训体验机制

这是构建应用型技术人才的核心和保证。这 5 个 "R" 分别是 Real Office（真实的企业环境）、Real PM（真实的项目经理）、Real Project（真实的项目案例）、Real Pressure（真实的工作压力）、Real Opening（真实的就业机会）。

1. Real Office（真实的企业环境）

实训工作室的设计参照大公司的办公环境，一人一个独立工位，每个办公间有独立的会议室供各个小组讨论和评审。企业要求实训的学生严格按企业员工的要求执行上下班考勤制度（工作牌、指纹考勤机、打卡机等）、工作进程汇报制度，真实体验大企业的工作感受。

学生实训时，按正规的项目开发组织，即学生按项目开发的实际需要分成小组，每个组的成员都有具体的任务分工，一切按实际项目的运作模式进行。

2. Real PM（真实的项目经理）

在项目实训过程中，各个项目组均由两种职能的指导教师带队，负责项目进度跟踪管理的项目经理和具体技术辅导的技术高手。带队的项目经理都是来自企业中具有丰富项目实施经验的项目经理，确保每个学生能获得 IT 企业正式员工应有的真才实学。

3. Real Project（真实的项目案例）

真实的项目案例是至关重要的，所谓真实的项目案例，就是企业的项目经理亲自做过的真实项目，加以消化整理，用来培训学生的项目开发能力。

4. Real Pressure（真实的工作压力）

项目中有模拟客户代表给予项目组施加真实的项目压力，"意外随时有可能以任何一种形式出现"，当遭遇需求变更、新技术风险、工期变更、人员变动等问题时，能够从容应对的员工才是企业的栋梁。

5．Real Opening（真实的就业机会）

往往实训机构自身所依托的企业需要大量的人才，它们可以通过实训为自身培养后备人才。项目经理也可以根据学生的表现，向行业战略合作伙伴推荐就业。另外，很多企业也乐意到实训机构挑选具有一定项目经验的人才。

（二）文档标准

文档是软件开发使用和维护中的必备资料。文档能提高软件开发的效率，保证软件的质量，而且在软件的使用过程中有指导、帮助、解惑的作用，尤其在维护工作中，文档是不可或缺的资料。

要造就卓越的工程师，必须与行业接轨，必须培养学生具备行业企业所需要的知识和能力，甚至一定的经验。为此，学校要求本专业的学生在做毕业设计与毕业论文时，毕业设计选题必须是企业的实际课题，真题真做；毕业论文则改成了软件开发方面符合行业企业标准的系列文档，如可行性分析报告、项目开发计划、开发进度月报、需求规格说明书、概要设计说明书、详细设计说明书、测试计划、测试分析报告、用户操作手册、项目开发总结报告等。

根据本规范，一个计算机软件的开发过程中，一般应产生以下14种文档。

第一，可行性分析报告。可行性分析报告的编写目的是说明该软件开发项目的实现在技术、经济和社会条件方面的可行性；评述为了合理地达成开发的目标而可能选择的各种方案；说明并论证所选定的方案。

第二，项目开发计划。编制项目开发计划的目的是用文档的形式，把对于在开发过程中各项工作的负责人员、开发进度、所需经费预算、所需硬件条件等问题做出的安排记录下来，以便根据本计划开展和检查本项目的开发工作。

第三，软件需求说明。软件需求说明书的编制是使用户和软件开发者双方对该软件的初始规定有一个共同的理解，使之成为整个开发工作的基础。

第四，数据要求说明。数据要求说明书的编制目的是向整个开发时期提供关于被处理数据的描述和数据采集要求的技术信息。

第五，测试计划。这里所说的测试计划主要是指整个程序系统的组装测试和确认测试，本文档的编制是提供一个对该软件的测试计划，包括对每项测试活动的内容、进度安排、设计考虑、测试数据的整理方法及评价准则。

第六，概要设计说明。概要设计说明书又称为系统设计说明书，这里所说的系统是指程序系统。编制的目的是说明对程序系统的设计考虑，包括程序系统的基本处理流程、程序系统的组织结构、模块划分、功能分配、接口设计、运行设计、数据结构设计和出错处理设计等，为程序的详细设计提供基础。

第七，详细设计说明。详细设计说明书又可称为程序设计说明书。编制的目的是说明一个软件系统各个层次中的每一个程序（每个模块或子程序）的设计考虑，如果一个软件系统比较简单，层次很少，本文档可以不单独编写，有关内容合并入概要设计说明书。

第八，数据库设计说明。数据库设计说明书的编制目的是对于设计中的数据库的所有标识、逻辑结构和物理结构做出具体的设计规定。

第九，用户手册。用户手册的编制是使用非专门术语的语言，充分地描述该软件系统所具有的功能及基本的使用方法。使用户（或潜在用户）通过本手册能够了解该软件的用途，并且能够确定在什么情况下，如何使用它。

第十，操作手册。操作手册的编制是为了向操作人员提供该软件每一个运行的具体过程和有关知识，包括操作方面的细节，可与用户手册整合编制。

第十一，模块开发卷宗。模块开发卷宗是在模块开发过程中逐步编写出来的，每完成一个模块或一组密切相关的模块的复审时编写一份，应该把所有的模块开发卷宗汇集在一起。编写的目的是记录和汇总低层次开发的进度和结果，便于对整个模块开发工作的管理和复审，并为将来的维护提供非常有利的技术信息。

第十二，测试分析报告。测试分析报告的编写是为了把组装测试和确认测试的结果、发现及分析写成文档加以记载。

第十三，开发进度月报（周报）。开发进度月报（周报）的编制目的是及时向有关管理部门汇报项目开发的进展和情况，以便及时发现和处理开发过程中出现的问题。

第十四，项目开发总结报告。项目开发总结报告的编制是为了总结本项目开发工作的经验，说明实际取得的开发结果以及对整个开发工作的各个方面的评价。

四、合理的实习实训方案

总的来说，实习实训的目的包括：第一，贯彻加强实践环节和理论联系实际的教学原则，增加学生对专业感性认识的深度和广度，运用所学知识和技能为后续课程奠定较好的基础。第二，通过实训，开阔学生的眼界和知识面，获得计算机软件设计和开发的感性认识，与此同时安排适量的讲课或讲座，促进理论同实践的结合，培养学生良好的学风。第三，提高学生使用相关工具的熟练程度、运用相关知识、技术完成给定任务的能力及在完成任务过程中解决问题、学习新知识、掌握新技术的能力，能够通过自学方式在较短时间内获取知识的能力、较强的分析问题与解决实际问题的能力。第四，通过对专业、行业、社会的了解，认识今后的就业岗位和就业形势，学生能够确立学习的方向，努力探索学习与就业的结合点，从而发挥学习的主观能动性。第五，实训中进行专业思想与职业道德教育，使学生了解专业、热爱专业，激发学习热情，提高专业适应能力，以具备正确的世界观、人生观、价值观和健全的人格，较高的道德修养、职业道德及社会责任感，良好的沟通、表达与写作能力和团队合作精神。

高职院校在实习实训方案的设计与运作方面做了很多考虑，也制定了不少管理制度与政策，以促使计算机专业的实习实训取得良好的成效，具体分为以下几个方面。

（一）专业方向多元化

为了学生的个性化需求与发展，高职院校在专业方向的设置上做了许多工作，设置了软件开发技术方向、软件测试方向、嵌入式系统方向、对日软件外包方向、数字媒体方向等。这些方向的差异很大，目的、要求也都不一样。

（二）实习实训内容层次化

针对合格的工程化软件人才所应具备的个人开发能力、团队开发能力、系统研发能力和设备应用能力，高职院校在专业人才培养方案里设计了四个阶段性的工程实训环节。

1. 认识实习

认识实习主要是让学生对本专业、本行业、IT 企业有一个基本的感性认识，以参观学习为主，不要求学生自己动手。操作上，主要选择本地企业，由教师带队，集体去企业参观，听取企业相关人士的介绍。时间上，一般一次安排半天或一天，参观一到两个企业。

2. 课程实训

课程实训是结合具体课程进行的，它跟实验不一样，实验是针对课程里的某一个内容安排的，课程实训原则上是综合课程所学知识的，至少囊括了课程所学知识的主要方面。并不是每门课程都安排实训，而是选择基础性的、理论与实践紧密结合的课程，比如 C 语言程序设计、面向对象程序设计、算法与数据结构、数据库技术等。时间安排为两周，课程理论教学与实验结束后进行。

3. 阶段性工程实训

阶段性工程实训不同于课程实训，它综合了若干知识点，借助一个规模不大的真实或虚拟项目，专门训练项目开发所需要的某些能力，如程序设计能力、项目管理能力、团队协作能力等。由于阶段性工程实训与专业方向紧密相关，通常都是邀请企业技术人员来校对学生进行实训。该阶段也是项目综合实训的基础，类似于实战前的演练。下面是从软件开发的角度设计的几个不同阶段的工程实训。

（1）程序设计实训：培养个人级工程项目开发能力。

（2）软件工程实训：培养团队合作级工程项目研发能力。

（3）信息系统实训：培养系统级工程项目研发能力。

（4）网络平台实训：培养开发软件所必备的网络应用能力。

4．项目综合实训

项目综合实训的要求更高，它是大学几年所学知识与能力的综合运用，是结合大型真实项目案例锻炼能力的。一般安排时间4～5月，专程离校到企业实训，由企业工程技术人员与学校教师共同指导。学生既能感受"真实项目"的压力，也能切身体会工作氛围，了解企业文化。实际上，项目综合实训比传统上的毕业设计要求高多了，完全可以取代传统意义上的毕业设计。

（三）时间安排合理化

本专业的人才培养方案安排了很多实习实训教学环节，这就需要在时间安排上尽量合理，既要考虑知识与能力的循序渐进，又要考虑其他方方面面的问题，具体考虑如下。

1．见习实习

见习实习一般安排在大一第一、二学期。

2．课程实训

根据课程安排，课程实训一般会安排在课程所在学期的期末，时间为两周。

3．阶段性工程实训

阶段性工程实训一般安排在第三、四学期，请企业工程技术人员来校组织实训，个别实训安排在暑假，每个实训为2～3周。

4．项目综合实训

项目综合实训通常安排在第五学期后半段与第六学期前半段，学生到企业完成实训任务。

（四）"请进来"与"送出去"

校企合作办学最重要的一点就是充分发挥校企双方各自的优势，合理地配置资源，以使资源效益最大化。就教学而言，如何在有限的时间内以及尽可能节省经费的前提下，让学生获取更多的知识和能力是高职院校必须认真考虑的。对此，高职院校采取"请进来、送出去"相结合的办法，有效地解决了实习实训的有关问题。所谓"请进来"就是邀请有关企业的业务经理、技术骨干进学校给学生做报告，在校内完成课程实训、阶段性实训任务；所谓"送出去"，就是安排学生到企业感受企业文化，完成真实项目的综合实训等。

1. 学术报告和专题讲座

高职院校定期或不定期地邀请企业界的经理和技术骨干来校给学生做报告，报告的内容非常广泛，包含如何面对企业的面试、IT界的新技术、人才需求状况、职业规划、人生经验、行业状况等，让学生了解更多的信息，扩大视野，树立正确的世界观、人生观与价值观，准确面对学习乃至人生。

企业界的经理和技术骨干对行业、技术、就业等有不同的思想和观点，邀请他们作报告，能够让学生受益匪浅。

2. 课程实训或专业方向阶段性实训——"请进来"

计算机专业的实践教学环节除了传统意义上的课程实验、毕业设计外，还安排了一系列的实习实训环节，这些实习实训环节包括认识实习、课程实训、专业方向阶段性实训、真实项目综合实训、顶岗实习等。对于课程实训，学校既采取"请进来"的方式（即聘请企业有关工程技术人员来校实训），也采取校内教师自己解决的方式；对于专业方向阶段性实训，则全部采取"请进来"的方式解决。这种"请进来"的方式既可以节省学校里的经费，也能节省学生的费用（外出的食、宿、交通、通信等开支）。实际执行情况表明，效果很好。

3. 项目综合实训——"送出去"

项目综合实训是非常关键的一个实训环节，要求高，历时长（4~5个月），能很好地锻炼学生的项目开发能力。对此，学校采取"送出去"的方式来解决。"送出去"可让学生切身体会项目开发和工作环境的"真实感"，增强工作经验。

五、校企双方的监管与考核机制

第一，高职院校的院系领导和教师定期或不定期地走访实训学生所在的企业，召开学生座谈会，了解、监控学生的实习实训情况，填写相关调查表，及时掌握、处理有关问题。校方不仅定期或不定期巡查，而且还要求写出巡查报告，回校后，组织相关人员讨论巡查过程中发现的问题，并提出解决方案。对实习实训工作做得不是很满意的企业，及时进行调整解决。

第二，校企双方都要按照一定的师生比指定若干专职人员，监控学生的学习情况，要求学生每周与学校教师联系，提交个人工作计划、每周工作总结、课题组进度周报、阶段总结等。这些材料都有相应的模板，学生只要按要求填报、上交就可以了。由科技公司结合学校的要求明确要求学员填写好所有的资料之后，由负责高职院校业务的教师在规定时间之内统一发快递到高职院校负责人处，并明确各种材料提交的时间和方式：①实训考查表：辅导员每天负责详细地记录学生的出勤情况。②实训成绩表：让学生在学习期间记录好自己所学的知识，在实训结束时把实训内容填好；同时，辅导员也要在学生学习期间把学生的表现做好记录。③实训项目分组：由辅导员记录。④就业统计表：让就业部的教师负责登记。⑤周志表：让学生每周把实训进展情况及体会以及对实训单位的意见填好交到辅导员处。⑥实训教学情况调查表：在一个实训项目结束时让学生统一填好，由辅导员统一收集。⑦实习实训总结：实训总结包括专业技能实训、企业文化感受、团队精神训练、职业道德培养、对实训的意见或建议等内容，让学生在实训结束时填好，由辅导员收集。

第三，企业要按照自己的员工一样管理学生，学生每天的出勤情况都要认真考核，个别企业甚至购买了指纹考勤机，每天上下班按指纹，或者利用刷卡机考勤，以确保学生按时作息。企业定期向学校报告学生的考勤记录，这对培养学生劳动纪律方面有好处。学生确有客观原因，需要外出办事或回家等，必须履行请假手续，并通报学校。严重违纪的学生，企业有权终止实习实训并遣送其回学校，学校授权企业从严管理。

第四，校企双方共同指导学生的项目实训。项目实训综合性比较强，需要更多理论和经验才能完成任务。校企双方共同指导有利于发挥校企双方各自的长项，有利于学生顺利完成项目的开发工作。为此，在学生外出实训期间，学校应专门指定一批教师负责学生外出实习、实训期间的指导工作，主要负责协调、解决、指导、帮助学生完成实训任务。

第五，企业按照学校的要求，对学生的整体表现、能力、完成工作的情况、效果等方面进行考核，考核结果上交学校，作为学生成绩评定的重要依据，或者某些环节就以企业的评价标准为主。另外，在毕业设计答辩时，答辩小组由校方人员与企业工程技术人员共同组成，以便充分参考企业方的评价意见，毕业答辩以到公司企业异地答辩为主。

六、其他方面

（一）合作共赢与风险共担

实习实训工作的指导思想原则是"多方受益"。一是学校受益（社会效益和经济效益）；二是学生受益（学生切实能学到知识，得到锻炼，能积累经验）；三是实训机构也肯定会受益，更进一步地说，将来的用人单位应该是最大的受益者。

校企合作办学也是有一定风险的，如学生离开学校到企业实习实训，安全就是一个非常重要的问题，一旦出点安全事故，学校、学生与企业就将承担非常大的风险。为此，除了加强管理外，学校给每一个外出实习实训的学生都购买了意外伤害保险。若学生经企业实训后，仍然没有按期就业，企业将拿不到相应的实训费，或者企业将免费继续给学生实训，直到就业为止。

可见，校企合作办学必然是合作共赢、风险共担的。

（二）就业

校企合作办学的另一个重要的目的就是利用企业的优势解决学生毕业后的就业问题。实训企业身处生产第一线，与很多生产企业或用人单位保持着紧密的联系，对市场需求了如指掌，拥有比学校多得多的就业渠道。因此，校企合作办学时，必须重点关注企业在解决学生就业方面的巨大作用。

（三）协议与合同

协议在其所表示的意义、作用、格式、形式等方面基本上与合同是相同的。二者都是确立当事人双方法律关系的法律文书。合同与协议虽然有其共同之处，但二者也有其明显区别。合同的特点是明确、详细、具体并规定有违约责任；而协议的特点是没有具体标的、简单、概括、原则，不涉及违约责任。从其区别角度来说，协议是签订合同的基础，合同又是协议的具体化。

校企合作办学涉及学校、企业与学生三方的经济、责任、义务等方面的问题，应该借助协议与合同，维护各自的利益。特别是学生，以前几乎都没有跟协议或者合同打过交道，利用校企合作办学的机会，也让学生跟企业签订相应的协议或合同，这样既能让学生借助法律手段维护自身的利益，还能增强法律意识，为日后的工作增加见识。

（四）校企共建专业教学指导委员会

为全面提高专业教育教学质量，增强办学特色，培养与地方经济和社会发展紧密结合的高素质专门人才，成立专业教学指导委员会是专业建设的重要工作之一。专业教学指导委员会是专业建设的咨询、督导机构，协助主管领导改革人才培养模式，确定所在专业培养目标、专业知识、能力和素质结构，制（修）订专业人才培养计划，搞好课程建设与改革，加强实训、实习基地建设，改善师资队伍结构。

（五）共同打造教学资源

校企合作办学要求企业参与教学过程，帮助学生更好地完成实习实训，甚至承担某些课程的理论教学。校企双方各有所长，为更好地发挥各自的优势，共同构建教学所需的各种资源就变得非常有意义，如合作编写教材、提炼教案、精选教学案例、设计教学网站、分解实训项目等。

由于应用型人才既要有宽厚的理论基础，又要具备较强的动手能力，因此，教材建设既要考虑为学生搭建可塑性的知识框架，又要从实践知识出发，建立理论知识与实践知识的双向、互动关系。这种教材是将理论知识与实践知识有机地融合起来，在理论知识与实践知识的循环往复中发挥促进掌握理论知识和培养动手能力的作用。因此，这样的教材值得校企双方的教师和工程技术人员认真探索。

（六）培育"双师型"教师队伍

在影响学生发展的诸多外在因素中，教师因素显然是第一位的。一般来说，高职院校教师的素质由知识系统、能力系统以及教师职业道德三部分组成。相对而言，计算机专业教师素养有其自身的特殊性：在知识系统方面，应用型人才宽广、先进的知识定位决定了教师自身应具有扎实的理论功底，对所教授的专业有充分地了解和整体的把握，具有开放式的知识结构，可不断更新和深化自身的知识体系，能及时掌握本学科的学术前沿和发展动向，了解企业行业的管理规律以及对人才的需求等。在能力系统方面，应用型人才综合性、实用化的能力特征决定了教师应有较丰富的实践经验，具备综合应用各种理论知识解决现实问题的能力，从而可能在教育教学过程中给学生以示范的作用，具有较强的开展应用研究的科研能力，能不断通过科研反哺教学，应具有较强的自我发展能力，善于接受新信息、新知识、新观念，能不断提高自身主动适应变化的形势。

正是基于应用型人才培养规格对专业教师在知识与能力方面的双重

要求，应用型教师应该是"双师型"的，既重视基础知识、应用知识的学习与积累，又要重视综合解决问题能力、学习能力、使用技能的培养和提高。

（七）科研合作

学校与企业开展科研项目联合攻关能为校企合作办学提供强有力地支撑作用。原因很简单，一是学校与企业开展科研合作，有利于校企加强联系、紧密协作；二是开展科学研究尤其是应用性研究对学科建设可以起到先导性作用；三是将有关科学理论与实验方法应用于实际，具有直接为经济建设服务的能力；四是学生有机会参加科研项目的有关工作，可直接得到科研训练，从而获取宝贵的科研能力。

第三节 高职院校校企合作的几种主要模式

研究计算机教育校企合作模式的目的主要在于提高对计算机教育的特点和校企合作办学重要性的认识，以期对构建适应本地经济发展的现代教育人才培养模式达成共识。

由于计算机教育的作用是培养生产、建设、管理、服务第一线的应用型人才，其培养目标的定位说明与其他教育相比，计算机教育与生产实践的关系更为直接。校企合作办学有效地解决了高职院校学生实习难、就业难、招生难等重大问题，又使企业得到了岗位需求的人才，实现了企业、学校双赢。我国各高职院校坚持以就业为导向，采取多种形式与重点行业、支柱产业合作办学，建立和完善校企合作、工学结合的办学机制，为我国的经济发展培养了大批技能型人才和高素质劳动者，并探索出了具有计算机教育特色的校企合作办学模式。

一、企业独立举办计算机院校模式

所谓企业独立举办计算机院校模式，一是在原有企业职工大学或有关教育机构的基础上改制举办的计算机学校；二是企业独立投资举办职业学校。企业独立举办职业学校在实施校企合作、工学结合的办学途径中具有自己独特的优势，其特点在于实现了企业与学校一体化；企业直接主管学校，学校直接为企业服务。

（一）企业独立举办计算机院校模式分析

根据国家大力发展计算机教育的精神，支持企业独资兴建计算机院校或职业培训机构，企业要继续办好原有的计算机院校。其他经济效益好，具备办学条件，有实力的企业也可以在整合各种教育资源或盘活其他计算机教育资源的基础上，独资兴办职业院校或职业培训机构。对此，各级教育、经贸、劳动和社会保障部门应该加强指导，在同等情况下优先发展、优先审批、优先扶持。

（二）企业独立举办计算机院校模式的启示

1. 免除学生找工作的后顾之忧

"课堂设在车间里，学校办在企业内"，这是企业独立举办计算机教育的独特优势。学校根据企业的要求，不断更新教学内容，改进教学方法，使学生学有所专、学有所长、学有所用。学生走上工作岗位后，都能很快适应工作的要求，成为生产一线的技术工人。

2. 坚持为企业培养优秀技术工人的宗旨

技工学校是这种模式的典型代表。技工学校在培养学生实践动手能力方面有着优秀的传统、扎实的工作作风，坚持以就业为导向，坚持为企业培养优秀技术工人。

3. 贴近计算机教育本质的实习教学

在这种模式下，计算机学校与企业有着天然的联系，背靠企业，服务企业，真实的生产环境就在身边，为学校的实习教学提供了便利，也更贴近计算机教育教学的本质。

4. 实现教师与企业研发人员的互动

在这种模式下，人事管理隶属主管企业或行业。因此，更容易实现教师与企业技术人员的互动。高等职业技术学院的"产学研"主要侧重将教学与生产、新科学、新技术与新工艺的推广、嫁接和应用的紧密结合。

5. 发挥培训基地作用，开展对企业员工的全员培训和全过程培训

企业举办计算机院校，可以更方便、更有针对性地为企业员工的岗位培训提供服务。学校每年和公司人力资源部共同研究制订年度企业员工培训工作计划，明确培训目标，落实培训措施，完善培训评估考核标准，增强企业员工培训工作的针对性和有效性。

二、职教集团模式

职教集团办学模式是指以职教集团为核心，由职业学校、行业协会和相关企事业单位组成校企合作联合体。它实行董事会管理下紧密联合、独立运转的办学模式，其宗旨在于优化教育资源配置，集群体优势和各自特色于一体，最大限度地发挥组合效应和规模效应，促进计算机教育的发展。

（一）职教集团模式分析

职教集团模式的基本特点包括：一是坚持以为行业、企业服务为宗旨；二是具有规模效益，教育要素可以达到优化配置，提高运行效率，降低内部成本，实现学校与企业的产学合作和利益一体化，从而可以实现规模经营；三是职教集团不具有法人资格。这种模式适用于各类计算机教育集团，其优势在于：一是具有规模效益，有利于形成产学联盟，提高管理的标准化水平和专业化程度；二是通过大量采购，可以节约交易费用和供给成本；三是通过大规模市场推广，能够营造优势品牌。

（二）职教集团模式案例的启示

1. 集团促进了办学体制的创新

将若干个中高等计算机院校联合起来，组建计算机教育集团，实行纵向沟通、横向联合、资源共享、优势互补，把计算机教育做大、做强，为促进薄弱职业学校的发展提供了良好的发展机遇。

2. 集团实现了计算机教育资源的整合

计算机教育集团将有形资源（如人力、物力、财力）和无形资源（如学校声誉、信息情报、计划指标等），按优化组合的方式进行最佳配置，做到人尽其才，物尽其用，财尽其力。

3. 集团促进了计算机教育的优势互补

加入集团的学校在资金、实验实训条件、实习基地、学生就业等方面，通过合理分工，可以实现优势互补与拓展。一是实现地域和空间优势互补，即特色各异的地域和空间优势，给学校带来连锁互动、互补发展的契机；通过组织校际的活动，开阔学生视野，为学生成长提供大环境和大课堂，也为学校的教育教学带来生机。二是实现人才的优势互补，即集团化的大空间办学形式为汇集名师、优化教师结构、精选骨干教师提供了更多更好的机会，使人才优势得到充分展示。三是实现职业学校内部管理的优势互补，即集团学校之间，联合办学、连锁发展，有利于在更广泛的范围内进行管理经验交流；集团内的学校之间有各自的管理特色，其内部管理优势就成为他校借鉴的依据，达到相互融通、共同发展提高的目的。

4. 集团加强了职业学校的专业建设

通过集团统筹，调整专业结构，实现学科和专业建设上的分工；根据经济结构调整和市场需要，加快发展新兴产业和现代服务相关专业；集中精力办好自己的特色学科和专业。

5. 集团推进了各成员学校的教学改革

促进了计算机教育集团化，集团内的学校可以实行弹性学制和完全学分制，实现学分或成绩互认；集团内的学校根据自己的优势和特色开设选修课程，可以充分提供学生选课余地；有利于职业学校在教学上集理论、实践、技术、技能于一体的培养目标的实现，在客观上可以吸引更多的学生就读集团内的学校。

三、资源共享模式

资源共享是校企合作的共性特征，一切校企合作都具有资源共享的特点。这里所讨论的资源共享模式是指充分利用计算机院校资源，与对应的行业、企业通过合作共建实训基地和举办职业教育培训机构等方式，培养与培训相结合，与企业零距离培养学生实际操作能力，培训"双师型"专业教师和企业在岗职工。

资源共享模式有三个基本特点：一是实现培养与培训相结合；二是开展"订单培养"，学校按照企业人才要求标准为企业定向培养人才；三是实现学生、教师、学校、企业共赢。

资源共享模式适用于所有职业学校。在实施这种模式时，坚持优势互补、资源共享、互惠互利、共同发展的原则。其优势主要有四点：一是解决了学校生产实习教学所需的场地、设备、工具、指导教师不足等问题；二是促进了学校的招生工作，订单培养模式的广泛实施，使学生毕业即就业，顺畅的就业渠道推进了学校招生工作的进行；三是为构建高素质的"双师型"教师队伍创造了方便的条件；四是为在岗职工文化与技能培训找到优质的教育资源。

四、厂校合一模式

厂校合一模式，即企业（公司）与学校合作办学，成立独立办学机构，实现企业（公司）与学校合一。合办的办学机构或以企业冠名或以学校冠名。办学机构教学计划是根据企业的需要，由企业组织专家提出方案，学校审核后制定，学生的实训、毕业设计主要由企业组织落实。

（一）厂校合一模式分析

这种模式以培养学生的全面职业化素质、技术应用能力和就业竞争力为主线，充分利用学校和企业两种不同的教育环境和教育资源，通过学校和合作企业双向介入，将在校的理论学习、基本训练与企业实际工作经历的学习有机地结合起来。其主要特征有：一是学校与合作企业要建立相对稳定的契约合作关系，形成互惠互利、优势互补、共同发展的动力机制。二是企业为学生提供工作岗位，企业对学生的录用由企业与学生双向选择决定。厂校合一，即企业（公司）与学校合一；教学设备与企业（公司）设备合一；员工与学生合一；教学内容与公司生产产品合一，这种模式适用于学校根据市场需求新增设的专业或为适应市场需求而改建的专业。

在选择合作伙伴时要以市场需求为基本原则，应坚持可行性原则。

厂校合一模式的优势包括五点内容：一是有利于激发企业办学的积极性；二是有利于学校建立以市场为导向的培养目标；三是有利于形成灵活而具有职业功能性的课程体系；四是有利于实施实践教学；五是有利于培养"双师型"教师队伍。

（二）厂校合一模式启示

1. 开发适应市场经济的专业，培养企业所需要的技术人才

厂校合一模式的结合点主要体现在专业开发和专业设置上，企业所需要的人才是学校在一定的专业中定向培养出来的，因而专业设置必须合乎市场的需要。

2. 课堂教学与现场教学有机结合

厂校合一模式正是把课堂教学与现场教学有机结合起来，既为学生掌握必要的职业训练和做好就业准备提供了条件，又可以把在工作岗位上接触到的各种信息反馈给学生，使学校不断更新课程教学内容，提高人才培养质量。

3. 实施项目实例教学法

项目实例教学法的实施，不仅使学生在技能水平上达到了一个经验型技能人才的标准，而且将一个真实生产环境下的企业文化、管理系统、业务规范、质量要求氛围呈现在学生面前，对学生产生了潜移默化的影响。

4. 真正激发企业办学的积极性

计算机教育改革与发展的根本动力从客观上是来自经济部门和就业部门。一所计算机院校的成功，无论是专业设置、培养计划的制订、教学环节的实施，还是学生的就业都离不开企业的支持配合。通过厂校合一的合作方式，向企业提供高质量的毕业生。学校教师到企业兼职，帮

助企业进行技术开发，通过专业或班级用企业命名、在校园免费给企业提供厂房、展示平台等方式促进了企业的发展，提高了企业的效益，扩大了企业的知名度。这些措施极大地激发了企业办学的积极性，企业会以更大的热情投身到合作院校的发展中来。

五、科技创新服务型模式

科技创新服务型模式，即计算机院校立足本校的重点和品牌专业，研发新产品、新技术。以研发的新产品、新技术应用于企业，为行业和企业提供科技创新服务。高职院校建立若干个与行业、企业、科研机构合作的科技创新服务中心，以为行业和企业，特别是中小企业服务为主，实现校企合作、工学结合。在为企业服务的同时，获得自身发展所需的行业信息。

（一）科技创新服务型模式分析

1. 科技创新服务型模式的特点

一是以职业学校为主体，以科技创新服务为切入点，服务于企业；二是利用学校自身教师和教育设施的优质资源，开展科技创新，研发新产品、新技术，以产促教，使教育资源得到充分合理利用；三是发挥了学校在产、学、研合作中的主导作用，兼顾了学校效益、经济效益、社会效益。

校企合作科技创新服务型模式中拟合作的对象是与职业学校重点和品牌专业相对应的或相关的行业、企业、科研机构、其他高职院校等部门。

实施此种模式，一要坚持与职业学校所设专业相同或相关的原则。这样，既可充分利用学院相关专业的人员、设备进行科技创新研究、服务。同时，因项目合作需要添置的人员、设备，也可以服务于高职专业教学，从而实现教育资源优化配置，促进专业建设；二要坚持以社会经济发展需要，为当地支柱行业发展提供科技创新服务的原则，侧重技术应用研究，注重新技术的应用与推广，并结合学校在技术应用研究领域的相对优势，从而奠定合作项目的可行性基础。

2. 科技创新服务型模式的优势

科技创新服务型模式的实质是产、学、研结合，这是一种以科研合作为主的合作，目的是促进科研成果的转化，它的优势包括以下三个方面。

（1）有助于高职计算机院校学生综合素质与能力的培养

科技创新服务型模式从有利于人才培养的角度出发，学生通过参与科技创新服务，结合所学专业知识与技能，锻炼了创新思维与解决实际问题的能力，并且能使学生更深层次地接触、认识企业的生产实践，从而也在一定程度上提升学生的就业竞争能力。

（2）有助于教师科研能力的培养和"双师型"教师队伍建设

以科技创新服务为切入点，一则强化了教师的科研意识，促使教师深入企业，主动进行应用技术研究；二则通过各科技创新服务平台为教师进行技术应用研究提供便利，帮助教师提高科研能力；三则促进高职计算机院校教师提高技术应用能力，所授专业与该行业的先进技术密切相连，培养掌握该行业先进技术、满足行业企业需要的技术、技能型人才。

（3）有助于与行业技术发展保持一致的专业建设

计算机院校以培养应用型人才为主要特征，其专业建设必须与相关行业技术应用发展紧密联系。职业学校只有与企业合作进行科技创新研究，才能使专业建设与行业发展保持一致，以确保其人才培养目标的实现。

科技创新服务型模式要求服务的技术含量高，要求具有高科技含量的科研成果和实用技术。

（二）科技创新服务型模式启示

市场需求是校企合作科技创新服务型模式成功的基础，学校自身的科技创新能力是成功的关键，校企双赢是成功的动力。市场需求是校企合作科技创新服务型模式成功的基础。企业研发水平的现状呼唤市场为其提供从产品的设计开发到批量生产的科技创新服务。这就为科技创新服务提供了机遇，如何抓住这个机遇，科研能力就成了关键。

专业建设与行业技术发展保持一致，以确保人才培养目标与社会需求相适应，专业建设是职业学校与经济社会发展的重要接口。按照市场需求设置专业，按照岗位需求设置课程高职院校专业设置、课程改革的依据，从专业、课程的设置，到教学计划的修订、教材的开发，直至教学效果的评价，无不围绕企业用人的标准在进行。

依托专业发展产业，以产业发展促进专业建设，利用所办精品专业的品牌优势创建相应产业。

校企合作科技创新服务型模式不仅适合于高等职业学校，也同样适合于中等职业学校，也就是说能否提供科技创新服务只与学校的科技创新水平有关，而与学校的层次无关。

六、企业参股、入股模式

企业通过投资、提供设备和设施等方式，参股、入股举办职业教育。

（一）企业参股、入股模式分析

企业参股、入股模式的基本特点：一是学校、企业双方共同出资，利润和风险共同承担，校企合作体具有独立法人资格；二是学校既有利用自身教育资源优势，努力为企业提供合格人才的义务，同时又有从企业一方获得投资回报，要求企业为其获得的人才"买单"的权利；三是企业既有为所需人才的培养付费并提供相关支持的义务，又有要求学校按质量与数量提供合格人才的权利。

（二）企业参股、入股模式启示

1. 有利于建立由企业"购买"培训成果的机制

大的企业或企业集团需要长期、有计划地录用符合本企业特殊需要的技能型人才，那么，采用这种模式，可有利于建立由企业"购买"培训成果的机制。

2. 注重企业文化的渗透教育

在进行"订单"式培养的教学实践中，校企双方十分重视对学生进行企业文化的渗透教育。每次企业冠名班开学或者学生与企业举办联谊会，企业领导都亲自参加，宣传企业文化，介绍企业的历史和经营理念，以企业各自独特的文化亲和力，对这些企业未来的员工进行熏陶。学生都以进入企业冠名班为骄傲，以一种"准员工"的使命感自觉进行知识和能力储备。

七、"双元制"模式

"双元制"的基本操作形式是：整个教育教学过程分别在企业和职业学校两个场所进行，企业主要负责实践操作技能的培训，学校主要负责专业理论和文化课的教学。

（一）"双元制"模式分析

这种模式的基本特点主要包括：一是教学过程分别在企业和职业学校两个场所进行；二是企业主要负责实践操作技能的培训；三是学校负责专业理论和文化课的教学；四是接受"双元制"职业教育的人既是企业学徒，也是职业学校的学生；五是从事计算机教育的人既有企业的培训师傅，也有职业学校的教师，它适用于借鉴"双元制"的学校及专业。

（二）"双元制"模式启示

第一，制定统一的培训规章和制订统一的教学计划。

第二，受培训者与企业签订培训合同，成为企业学徒。

第三，受培训者在职业学校注册，成为学校的学生。

第四，受培训者在不同的学习地点接受培训与教育。

第五，进行中间考试与结业考试。

第六，企业和个人双向选择确定工作岗位。

第七，接受"双元制"培训的技术工人还可以通过多种途径进行深造、晋级（职）。

第七章　人工智能与高职计算机教学

第一节　人工智能促进高职院校教学变革

一、人工智能促进教学基础变革

（一）理论基础及启示

认知是分布的，认知现象不仅包含个人头脑中所发生的认知活动，还包括人与人之间以及人与工具技术之间通过交互实现某一活动的过程。认知分布于个体间，分布于环境、媒介、文化之中。分布式认知理论认为，认知不仅仅依赖于认知主体，还涉及其他认知个体、认知工具及认知情境，认为要在由个体与其他个体、人工制品所组成的功能系统的层次来解释认知现象。

分布式认知理论对于人工智能促进教学变革研究具有重要的指导意义。

第一，分布式认知中的"人工制品"，如工具、技术等可起到转移认知任务、降低认知负荷的作用。当学生的学习内容超出认知范围无法解决时，可借助智能化学习软件帮助减轻认知负荷，引导学生向深度认知发展。同时可将简单、重复性的认知任务交由智能机器人完成，从而使个体可进行更具创造性的认知活动。

第二，分布式认知强调认知发生在认知个体与认知环境间的交互。认知个体在交互过程中，有利于建构自身的认知结构。教学中的交互不只是师生间的交互，还包括生生交互、师生与知识的交互、人与机器的交互等，在人工智能支持的智能化教学环境中，交互方式更加多样。通过交互可以重构学习体验，甚至可以通过触觉、听觉、视觉来影响个体的认知。

（二）技术创新理论

创新是一种新的生产函数的建立，即实现生产要素和生产条件的一种从未有过的新结合，并将其引入生产体系。创新一般包括五个方面的内容：一是制造新产品；二是采用新的生产方法；三是开辟新市场；四是获取新的原材料或半成品的供应来源；五是形成新的组织形式。

创新不仅是某项单纯的技术或工艺发明，而且是一种不停运转的机制。只有引入生产实际中的发现与发明，并对原有的生产体系产生震荡效应才是创新，技术创新理论对教育教学创新具有重要的指导意义。

第一，有助于教育教学的创新。新的技术出现时会对教育教学带来影响，人工智能技术在教学中的应用将带来新的智能化教学工具，形成新的教与学模式，促进教学评价方式与教学管理方式的创新。教师要积极转变思维方式，探索人工智能与教学结合的新形式，促进技术与教学的深度融合以及教育教学的创新发展。

第二，重视学生创新能力的培养。人工智能时代，简单重复性的工作一定会被机器所取代，智能机器正在超越人类的左脑（工程逻辑思维）。一个重要策略是让学生花时间精力开发机器不擅长的右脑，培养人类智能独特的能力，如创新创造能力、想象力、问题解决能力、交流沟通能力及艺术审美能力等，让学生在智能科技发达的今天立于不败之地，这也是教育改革的大方向。

（三）技术支撑

人工智能是研究与开发用于模拟、延伸和扩展人的智能的新兴技术科学，通过机器来模拟人的智能，如感知能力（视觉感知、听觉感知、触觉感知）和智能行为（学习能力、记忆和思维能力、推理和规划能力），让机器能够"像人一样思考与行动"，最终实现让机器去做过去只有人才能做的工作。

人工智能的主要研究领域包括智能控制、自然语言处理、模式识别、人工神经网络、机器学习、智能机器人等。随着计算能力的提升以及大数据和深度学习算法的发展，人工智能取得了突飞猛进地发展，并且广泛运用于金融、医疗、家居等多个领域，各行各业都在积极探索利用人工智能破解行业难题，教育也不例外。人工智能是一种增能、使能和赋能的技术，其在教育中的应用形态分为主体性和辅助性两类。主体性是指特定教育系统以人工智能技术为主体，如智能教学机器人、智能导师系统等；辅助性是指将人工智能的功能模块或部分结构融入教学、资源和环境、评价和管理之中，转变为媒体或工具以发挥其功效，如智能化评价、自适应学习、教育管理与决策等。

1. 机器学习

机器学习主要研究如何用计算机获取知识，即从数据中挖掘信息、从信息中归纳知识，实现统计描述、相关分析、聚类、分类、规则关联、预测、可视化等功能。

（1）机器学习与教学的适切性

机器学习是通过算法让机器从大量数据中学习规律，自动识别模式并用于预测。机器学习在教学环境中，能够基于大量教学数据智能挖掘与分析数据发现新模式，预测学生的学习表现和成绩，以促进和改善学习。可以说，机器在数据学习过程中处理的数据越多，预测就越精准。教学数据包括学生与教学系统交互所产生的数据以及协作、情绪和管理数据等。

应用于教学的机器学习方法有分类、聚类、回归、文本挖掘、关联规则挖掘、社会网络分析等，但应用较多的是预测和聚类。预测旨在建立预测模型，从当前已知数据预测未知数据。在教学应用中，常用的预测方法是分类和回归，一般用于预测学生学习表现和检测学习行为。聚类一般用于发现数据集中未知的分类，在教学中，通常基于教学数据对学生进行分组。

（2）机器学习教学应用的潜力与进展

机器学习作为人工智能的重要分支，能够满足对教学数据分析预测的需求，其在教学中的应用具有很大潜力。在教师教学方面，将从学生建模、预测学习行为、预警辍学风险、提供学习服务和资源推荐等方面有效助力智能教育，推动教学创新。在学生学习方面，通过机器学习分析学生成绩、学习行为等预测学习表现，发现新的学习规律，并给出可视化反馈；对学生的表现进行评价，根据不同学生的特征进行分组，推荐学习任务、自适应课程或活动，提高学生的学习效率。

2. 自然语言理解

自然语言理解是研究如何使计算机能够理解和生成人的语言，达到人机自然交互的目的。自然语言理解主要分为声音语言理解和书面语言理解两大类。其理解的过程一般分为三步：第一，将研究的问题在语言学上以数学形式化表示；第二，把数学形式表示为算法；第三，根据算法编写程序。

自然语言理解技术从初期的产生式系统、规则系统发展到当今的统计模型、机器学习等方法。其在教育中的最早应用是进行语法错误检测，随着技术的发展，自然语言理解在教学中有了更大的应用场景。有研究者将自然语言理解在教育领域的应用场景概括为四个方面：一是文本的分析与知识管理，如机器批改作业、机器翻译等；二是人工系统的自然交互界面，如语音识别及合成系统；三是语料库在教育工具中的应用，如语料库及其检索工具；四是语言教学的应用研究，如面向语言学习的教育游戏。自然语言理解将为在机器翻译、机器理解和问答系统等领域的学生的学习带来新的方式方法。

（1）机器文本分析

随着自然语言理解技术的逐渐成熟，依托人工智能技术可以实现对开放式问题的自动批阅。机器批阅有助于学生自主练习时及时获得反馈，可以大大提高学习的效率与效果。

（2）问答系统

问答系统分为特定知识领域的问答系统和开放领域的对话系统。问答系统是指人们提交语言表达的问题，系统自动给出关联性较高的答案，实现人与机器的交流。当前，问答系统已经有不少应用产品出现，它们在接收到文字或语音信息后，先解读内容，然后再自动给予相关回复。在教学当中，问答系统能够充当解决学生个性化问题的虚拟助手，以自然的交互方式对学生的问题进行答疑与辅导。

3. 模式识别

模式识别是使计算机对给定的事物进行识别，并把它归于与其相同或相似的模式中。其主要研究计算机如何识别自然物体、图像、语音等，使计算机模拟实现人的模式识别能力，如视觉、听觉、触觉等智能感知能力。根据采用的理论不同，模式识别技术可分为模板匹配法、统计模式法、神经网络法等，其早期所采用的算法主要是统计模式识别，近年来，在多层神经网络基础上发展起来的深度学习和深度神经网络成为模式识别较热门的方法。而且深度学习算法和大数据技术的发展极大提高了在语音、图像、情感等模式识别中的准确率。

模式识别系统主要由数据采集、预处理、提取特征与选择、分类决策等组成。在教学应用领域，为学生提供个性化学习支持服务的前提是需要采集学生的语音、情感等体征数据，通过对这些数据进行挖掘与分析，为后续的个性化学习提供基础数据模型支持。模式识别在教学中的应用主要包括在实训型课堂中，可以将识别的学生动作模式与标准动作模式比对，指导学生操作；智能识别学生的学习状态，适时给予学习帮助与激励；学生利用语音搜索学习资源等。

4. 大数据

人工智能建立于海量优质的应用场景数据之上。与传统数据相比，大数据具有非结构化、分布式、数据量大、高速流转等特性。大数据通过数据采集、数据存储和数据分析，能够发现已知变量间的相互关系进行科学决策。大数据目前已经应用于金融行业、城市交通管理、电子商务、医疗等各领域，有着广阔的应用前景。而在教育领域，随着教育信息化的发展，教学过程中时时刻刻在产生大量的数据，大数据为教学提供了根据数据进行科学决策的方法，将对教育教学产生深刻影响。

大数据的价值在于对数据进行科学分析以及在分析的基础上所进行的数据挖掘和智能决策。也就是说，大数据的拥有者只有基于大数据建立有效的模型和工具，才能充分发挥大数据的优势。

大数据与人工智能的结合将给教育教学带来新的机遇。海量数据是机器智能的基石，大数据有力地助推了机器学习等技术的进步，在智能服务的应用中释放出无限潜力，因为人与机器的学习方法是不一样的。因此，大数据极大地助推了人工智能的发展。大数据与人工智能结合将充分发挥大数据的优势，如教育教学过程中存在大量的教学设计、教学数据，根据这些数据训练出的人工智能模型可以辅助教师发现教学中的不足并加以改进。

5. 学习分析

学习分析是随着大数据与数据挖掘的兴起而衍生出来的新概念，它是通过采集与学习活动相关的学生数据，运用多种方法和工具全面解读数据，探究学习环境和学习轨迹，从而发现学习规律，预测学习结果，为学生提供相应干预措施，促进有效学习。由此可知，大数据是进行学习分析的基础，学习分析可以实现大数据的价值。

学习分析的目的在于优化学习过程，一般包括四个阶段：一是描述学习结果；二是诊断学习过程；三是预测学习的未来发展；四是对学习过程进行干预。学习分析是迈向差异化及个性化教学的道路。随着各种智能化教学平台、教学 App 等数字化教学工具的应用，教育数据快速增长。智能化教学平台持续采集学生学习过程中的各种数据，将教师和学生在课堂上的每一个互动结果记录下来，进而通过学习分析生成数据统计与分析图表。基于此，学生可通过查看学习数据，找出不足，及时调整。教师可很好地了解学生学习的特点，制定个性化的学习方案，深度分析学生学习行为与学习数据，随时监测学生发展。

（四）人工智能促进教学变革的整体框架探讨

教学是教师的教和学生的学的统一活动，因此，从教师教和学生学这一整体角度探讨人工智能对教与学方式的变革，能够促进高效教学。

将教学评价与教学管理归为一体进行探讨是基于以下内容考虑的：教学评价与教学管理都属于教学管理范畴，都是主体作用于客体的管理活动。教学管理是现代教育管理体系中相对独立完整的系统，而教学评价则是其中的重要组成部分，教学评价既是教学管理的任务之一，又是教学管理的重要手段，二者都侧重对数据的分析，技术性和科学性较强，人工智能的发展和教学数据的丰富使教学评价与教学管理更加科学化，也更具权威性，使之发挥更大的作用。

1. 教学资源与教学环境

资源环境的改变是教学变革的基础，通过资源环境的改变带动教学的变革，进而创设更加符合学生需求的学习环境，形成良性循环。

技术对教育教学所产生的影响，在很大程度上是转化为工具、媒体或者环境实现。首先，人工智能的发展催生了许多新的教学工具与学习工具，如智能化教学平台、教学机器人、智能化学习软件等，这些教与学的工具是教师教学与学生学习的好帮手，为教学注入了新的活力。其次，人工智能的发展为学生获取学习资源带来了极大便利，在学习资源智能进化的过程中，机器已经对资源进行质量把关，将资源分为文本、视频等形式，这样智能化学习环境感知到学生需求时，可以自适应推送适合学生的学习资源，而搜索引擎的发展让学生可以快速找到所需资源，不用在查找资料方面浪费时间。最后，人工智能的发展为搭建智能化的学习环境提供了便利，驱动数字教育资源环境走向智能化学习资源环境。学校可与人工智能教育企业联手利用人工智能创造利于学生高效学习、深度学习的环境。通过智能感知，构筑更加有利于师生互动的学习环境。

教学工具的创新、教学资源的优化、教学环境的改善有助于教师轻松开展教学活动，辅助学生高效学习。

2. 教的方式与学的方式

人工智能进入教育领域后，技术支持资源、环境的改变促使教学发生了一系列转变。

在教师教学方面，人工智能可以辅助教师备课，通过人工智能技术智能生成个性化教学内容、实时监控教学过程、精准指导教学实现智能化精准教学；开展基于技术的智能化实践教学；进行个性化答疑与辅导，帮助教师从简单、烦琐的教学事务中解放出来，创新教学内容、改革教学方法，从事更具创造性的劳动。

在学生学习方面，通过智能化环境的构建，着重思考如何引导学生，通过创设不同类型的学习任务，营造支持性学习环境，帮助学生适应预习新知、智能交互学习新知、智能化陪伴练习、智能引导深度学习，帮助学生不断认识自己、发现自己和提升自己。

同时，教师和学生在教与学的过程中对资源与环境的需求又促使资源与环境朝向人的需求层面转变。

3. 教学管理与教学评价

技术的发展和教学环境的优化使得教与学的过程数据越来越丰富。如何充分、有效地利用这些数据优化教与学，需要教师对传统教学评价与教学管理模式与方法进行变革。

人工智能应用于教育领域，通过采集教与学的场景中的数据，利用大数据分析技术对各项教育数据进行深度挖掘，实现检验教学效果、诊断教学问题、引导教学方向、改进教育管理，一方面帮助教学管理者全面督导，使传统的以经验为主的管理方式向智能化、科学化转变，提升管理效率；另一方面，建立学生数字画像，智能分析、评价学生行为，破解个性化教育难题，科学辅助教师进行教学决策。通过人工智能对教学的诊断进行反馈，进而为教学组织、学习活动等提供创新的解决方案，提升教学效率。

二、人工智能促进教与学方式的变革

（一）智能化教学

人工智能应用于教学，不但可以辅助教师备课，实施精准教学，开展个性化答疑与辅导，而且可以大大减轻教师的负担，提高教学效率。

1. 教学发展的过程

随着信息技术的发展，教学形式也在不断变化。根据技术工具在教学中的应用，可以将教学发展过程分为传统教学、电化教学、数字化教学和智能化教学四个阶段。

随着录音、录像、广播、电视、电影等技术在教学活动中的应用，传统教学开始向电化教学转变。从早期的留声机播放语言发音，到无线广播应用于远程教学、扩大教学规模，再到盘式录音机可以进行标准发音以及后来电视教学、录像机成为视听学习源泉等，这些都对教学的发展具有积极的推动作用，扩大了教学范围，提高了教学效率。

在互联网、计算机、移动终端发展的推动下，教学模式逐步走向数字化，教学理念也由"教师主体"转变为"教师为主导，学生为主体"，师生地位被重新定位。网络技术、多媒体的广泛应用使教学形式更加丰富，出现了网络教学、混合式教学、翻转课堂等新型教学模式；音频、视频、动画等媒介形态和虚拟现实、增强现实技术使教学内容和形式更加多样化和立体化。

2. 智能化教学的内涵

伴随着大数据、人工智能等技术的发展，人工智能融入教学，使传统以教师、学生为主的二元教学主体向以机器、教师、学生为主的三元教学主体转变，有助于提升教师的教学智慧，促进创新型人才的培养。

(1) 智能化环境是智能化教学的基础

智能化教学环境的建设为开展智能化教学创造了条件。传统教学、数字化教学再到智能化教学的改变是伴随着教学环境不断发展的，而每次变化都会对教学理念、教学模式等产生影响。在教学方式上，智能化教学环境提供的各种智能化教学工具和优质教学资源为精准教学、个性化教学的开展提供了有力支持；人工智能与虚拟现实、增强现实的结合使教学更加立体、形象；大数据技术强化了对教学数据的分析能力，使教学更具针对性。

（2）教师、学生和机器是智能化教学的主体

教学主体的发展经历了教师唯一主体、学生唯一主体、双主体论、主导主体说、三体论、主客转化说、复合主客体论、过程主客体说等发展过程。可以发现，无论是何种学说，教学过程的核心要素都是教师和学生，在教学中出现的音频、视频、动画等媒介形态，录音机、电视等教学工具，虚拟现实、增强现实等技术手段，也仅仅是充当辅助教学的角色。当人工智能进入教学，机器可以在整个教学过程中辅助教师备课、演示、教学、答疑、测评，全方位陪伴学生学习，教学核心要素因此发生改变，教师、学生和机器成为教学的核心，机器将在教与学这一过程中扮演重要角色。

从教师—机器视角来说，一方面，教师可以向机器发令，利用机器帮助教师搜索优质教学资源，将智能机器生成的个性化教学内容推送至学生学习的空间，通过学情分析报告了解班级整体学习情况；另一方面，机器可以向教师提醒教学过程中学生存在的问题，提供决策支持服务，帮助教师批改作业、进行答疑，减轻了教师的负担，使教师可以把更多的时间和精力用于提升教学质量和教学创新，最终实现机器与教学场景的紧密融合，为学生提供更具个性化的教学体验。

从学生—机器视角来说，学生在学习过程中可以随时向机器提问，搜索学习资源等。而机器在学生学习过程中可以起到引导、陪伴、激励、调节学习情绪的作用，让学生感受到学习伙伴的支持，激发学习的兴趣。智能机器通过分析学生的基础信息数据、行为数据和学习数据，智能生成个性化学习路径，提供个性化学习支持服务，推送个性化学习资源以及进行智能测评与及时反馈，帮助学生更好地进行自主学习。

从教师—学生视角来说，人工智能进入教学，教师能够及时感知学生的学习需求，提供个性化学习支持，学生与教师间的交互更加及时、流畅，教学成为学生主动探索、主动学习的过程。

（3）智能化教学有助于提升教师的教学智慧

智能化教学使教师的课堂管理更加高效，教师可以实时掌握学生的

学习状态，提供针对性地指导。通过智能化机器辅助教师备课，帮助教师批改作业，大大减轻教师教学负担，使其将更多的时间用于思考教学设计，与其他教师分享教学方法、心得体会，更好地进行教学反思，促进教学效果的提升。

3. 智能化教学模式设计

以教师、学生、机器为核心的教学主体的改变，将实现教师与机器、学生与机器、教师与学生的交互更加高效、开放和多元，技术的发展、环境的改善、自适应学习资源使得教学过程更加流畅、教学交互更加深入及时、教学效果更加明显。从课前、课中到课后，智能化教学相比传统教学在各个环节上都更加高效，围绕人工智能发展带来的变化构建了智能化教学模式。

课前，教师将学习目标、个性化的预习内容推送至学生个人学习空间，学生进行自主预习。教师可远程监控学生的学习轨迹，根据学生的学习行为、学习进度及时推送个性化的学习资源，满足学生的学习需求，并随时提供远程辅导。所有学生完成课前预习时，智能教学平台自动生成预习报告，教师可查看班级整体以及学生个体的学习情况，了解学生知识薄弱环节，进而调整教学内容，设计更具针对性的课堂活动。

课中，教师首先对学生课前的预习情况进行快速点评，总结学生在预习过程中存在的共性问题。通过智能教学平台，学生可以与教师实时互动，教师可以"一对多"地解决不同学生的问题，充分调动学生课堂学习的积极性，使每位学生都能参与其中；实时监控每位学生的学习过程，了解其学习进展与困难，进行个性化指导。

课后，是学生对课堂所学内容进一步深化的过程，智能平台对学生课堂学习的数据进行分析，智能判断每个学生可能存在的知识难点，提供个性化的学习辅导。对于教师而言，智能教学平台可根据教师的教学过程和学生的课堂表现给予教师关于教学方法的针对性建议，帮助教师及时反思、实现分层教学。

（二）智能化学习

学习方式变革应关注学生的"学"，着重思考怎么引导高职学生学习，通过创设不同类型的学习任务，营造支持性学习环境，帮助学生自适应预习新知、智能交互学习新知、智能化陪伴练习、智能引导深度学习，从而提升学习效果。

1. 学习的发展过程

基于学校教育的学习发展过程主要经历了传统学习、数字化学习和智能化学习三个阶段。这三个阶段的学习方式是递进的，新学习方式的出现以原有学习方式为基础，每一种学习方式在不同阶段都会被赋予新的内涵。

数字化学习对人类学习发展具有重要意义，引领人类的学习进入网络化、数字化和全球化的时代。数字化学习是指学生在数字化学习环境中，借助数字化学习资源，以数字化方式进行学习的过程。它包含三个基本要素，即数字化学习环境、数字化学习资源和数字化学习方式。数字化学习环境主要通过多媒体设备、交互式电子白板、计算机和互联网构建。数字化学习资源具有多样化、丰富性等特点，可以实现大范围的开放共享，满足学生多元化的学习需求。数字化学习资源和学习环境的支持，为多样化的学习方式提供了条件，有助于促进学生综合素质的全面发展。

2. 智能化学习的内涵

智能化学习使高职学生在智能化学习环境中按需获取学习资源，自主开展学习活动，享受个性化学习支持服务，获得及时反馈评价，能够正确认识自我的不足与优势，促进综合素质和创新能力的提升。

（1）正确认识自我的不足与优势

正确认识自我的不足与优势是高职学生能够运用合适的方法提升自我的基础。智能化学习过程中，学生可以获得自适应学习资源，通过智能化测评工具获得及时反馈，发现自己的认知特征、学习偏好、优缺点等。智能化学习能让学生清楚自己的学习目标，定位自己的发展方向，认识自身存在的价值，挖掘自身潜能，实现个性化成长。

（2）促进综合素质和创新能力的提升

智能化学习的最终目标在于提升高职学生的实践能力、创新能力和终身学习能力。智能化学习强调情境感知，使学生在情境中获取知识、在实践中运用知识，启发学生的创新意识，不断激发学生的求知欲，让学生在探索知识的过程中提升自身综合素质和创新能力。

3. 智能化学习的一般流程

智能化学习是在智能化学习环境中开展的以高职学生为中心的学习活动，不仅能够使学生及时获取所需资源、评价反馈，还能使其享受个性化学习支持服务，使学习变得更加轻松、高效和有趣。

（1）自适应预习新知

自适应学习是一种复杂的、数据驱动的，很多时候以非线性方法对学习提供支持，可以根据高职学生的交互及其表现动态调整，并随之预测学生在某个特定时间点需要哪些学习内容和资源以取得学习进步的方式。自适应学习不仅有利于真正实现个性化学习，而且有利于个性化人才的培养。人工智能支持的自适应学习不仅可以提升学生的学习兴趣，使学生积极参与其中，而且能够提升学生的自主学习能力，帮助学生找到适合自己的学习方法。

自适应学习要能够在具体场景中巧妙呈现学习资源，激发高职学生的学习兴趣，让学生在潜移默化中增长知识。将知识融入具体的生活场景中，更有助于学生的消化吸收。因此，要尽可能创设情境实现自适应学习，具体可以从三个方面进行。

一是"知人善供"。自适应学习的前提是人工智能系统要了解高职学生的特点和需求，在此基础上运用人工智能。系统可随环境的变化因人而异地提供适配的学习资源，每位学生都可以听到与自己专业相关且感兴趣的话题。

二是"识物即供"。在高职学生用手机扫描自然环境中的物体时，人工智能系统可以对其识别，并在此基础上为学生自动显示、朗读、播送识别物体的相关内容。学生可以自主控制朗读的节奏、是否显示中文翻译、是否进行反复听读，同时系统可以向学生推送相关内容。

三是"远程随供"。可利用人工智能推送国外或较远距离场景化的内容，从而让高职学生借助不断变化的条件进行更好的情境化的学习，进而更好地培养学生的国际化视野，让学习置于真实的环境之中，从而达到更好的学习体验，提升学生的学习效率。

此外，还可设置人工智能虚拟教师，使高职学生可连接任意场景，听虚拟教师讲解自己感兴趣的地理、文化等，让学习回归到具体场景当中，如各种日常生活、旅游出行、校园生活、职场办公、休闲娱乐等。学生也可通过角色扮演，参与到具体的学习场景中，将枯燥的学习内容变为形象、立体的内容，进而学得轻松、愉快、高效率。

（2）智能化交互学习

学生在学习过程中与外部环境进行互动交流，有助于逐步构建起自身的认知结构，从而有效提高学习效率。人工智能可以从以下两方面为学习交互提供支持。

①人机交互重构互动性的学习。第一，通过智能化教学平台和学生使用的手机移动终端，上课前，学生通过扫描投影幕布上的二维码即可完成签到，从而节省了课堂时间。第二，通过随机提问功能，让学生的名字滚动在屏幕上，让每位学生都可以集中注意力，认真思考，有效提升课堂交互效果，关爱到每一位学生。还可以通过抢答功能，活跃课堂教学气氛。而且教师可以将学生的回答记录到教学平台上，给出学生评价。第三，随堂测试功能可以方便教师实时掌握学生的课堂学习情况，调整教学步调。课堂上可以进行实时答题，教师可以自由选择是否开启弹幕，学生通过手机或者平板电脑发表疑问、提出看法。这些内容会实时显示在屏幕上，以弹幕形式的教学模式极大地吸引学生的学习兴趣。第四，学生可以将课下预习过程中存在的问题发布在教学平台上，一方面，通过人工智能系统的语义识别，机器可以及时回复学生提出的基础性知识问题，极大地节省师资；另一方面，教师可对学生学习本课有一

个大概的了解，明确教学中的重点和难点。

②小组交互构建学习共同体。智能化教学平台还有一个分组功能，教师可以利用人工智能对每个学生的知识点和技能操作水平的了解进行合理分组，从而完成特定任务。智能化教学鼓励学生进行合作学习。人工智能社会，很多工作不是凭个人能力就可以完成的，它需要团队合力完成，在团队中，每个人都可发挥自身优势，精诚合作。通过小组成员互相督促和引导，在课前一起预习教师推送的学习资料，共同发现问题、解决问题，能够有效培养学生的探索能力；课堂上可以对教师所提问题共同探讨、自由发表意见，教师也可以通过这一过程了解学生学习心态与思路；课下，可以共同完成分组作业，培养学生的交际能力与合作能力。

（3）智能化陪伴学习

人工智能和机器人的快速发展使得过去遥不可及的高科技产品渐渐融入日常生活，除了家庭扫地机器人、智能音箱等，越来越多的智能陪伴机器人出现在人们的视野中。

①人工智能陪伴学习的作用。第一，智能侦测学习盲点。利用人工智能帮助拆分知识点、"打标签"（包括学习内容、学习风格、倾向性、难易度、区分度等），就可以为学生实现精细化匹配，智能侦测到学生学习的盲点与重复率，从而能够指导或帮助学生减少重复学习的时间，提高学习效率。对教师来说，拥有了学生全套的学习轨迹数据，在提供教学服务时，效率会提高很多。第二，兴趣驱动，引导学习。人工智能学伴要根据学生的学习兴趣和知识掌握水平，为其提供文本、视频、音频等个性化学习资源，并根据学生学习进展自动调节难度和深度。人工智能学伴在学生完成学习任务时为其点赞，未完成时给予监督鼓励，让学生感受到人文关怀，从而积极、主动地完成阅读任务。自主学习过程树立了学生的主体地位，学生能够自己制定学习目标和学习进程，独立展开学习活动，学习效果也会越好。第三，实时交互，启发引导。学生在学习过程中可能会产生各种各样的问题，此时，充当百科全书的机器

人可以陪在学生身边，随时为学生解答问题，并且通过互动启发引导学生，让学生先自己动脑思考，给学生提供思考和想象的空间。这样的陪伴有助于培养学生主动思考的能力和创新能力。第四，自动化测评。在学生完成教师布置的作业后，人工智能学伴能够对学生的作业进行自动批改，一方面帮助学生纠正错题，补足知识薄弱环节；另一方面，发现学生的闪光点，充分挖掘学生的优势，激发其学习的兴趣。

②人工智能学伴要培养学生的各种能力。人工智能学习伙伴要指导学生进行自主学习，帮助学生掌握自主学习方法，因为学习方法远比学习内容更重要。学生在学习过程中应以自主学习为主，教师指导为辅。学生要敢于创新，主动进行研究、探索。

人工智能学伴可从以下三个方面指导学生。

第一，培养学生独特的学习方向和目标。人工智能时代，学习方向要强调那些重复性的工作所不能替代的领域，包括创新性、情感交流、艺术、审美能力等，这些其实是人类智力中非常独特的能力。人工智能学伴要从生活角度出发，培养学生分析问题的能力、决策能力和创新能力。

第二，培养学生人机协作的思维方式。未来是人机协作的时代，一些工作可能会由机器所替代，一些工作可能由人机协作才会取得最佳效果。而且未来人也可以向机器学习，可从人工智能的计算结果中吸取有助于改进人类思维方式的模型、思路甚至基本逻辑。

第三，培养学生的合作能力。当下的创新更多的是具有不同专长的人团队合作的结果。要从小培养学生的合作能力，在与学习伙伴合作学习的过程中，学生的沟通能力、分析问题能力等各方面的能力都将得到提升。

（4）智能引导深度学习

建设终身学习型社会已是国际教育的重要发展方向，培养学生的深度学习能力已经成为重要的时代命题。深度学习在教学领域已经表现出常态之势。

①技术领域的深度学习。深度学习主要是模拟人脑的分层抽象机制，通过人工神经网络模拟人类大脑的学习过程，从而实现对真实世界大量数据的抽象表征。简单来说，通过深度学习，机器能够从大数据中寻找特征、抽象类别或特征、总结模型。与深度学习相对应的是机器的浅层学习，浅层学习是指在仅含 1～2 隐层的人工神经网络中的机器学习。

毫无疑问的是，当前人类的神经网络要比机器的神经网络复杂许多，隐层数量（深度）也大得多。因此，人类具有进行较为深度学习的条件，这也是实现培养智慧人的基础。

②人工智能时代深度学习的发展策略。伴随着人工智能的发展，人们对人工智能技术变革教育领域抱有较大期望。希望人工智能技术不仅仅局限于促进学生学习具体的、结构化的知识和技能，更要帮助学生获得解决复杂问题、批判性思维、深度学习等高阶能力。人工智能技术的发展已为学生从"浅层学习"转入"深度学习"提供了支持。

总体来说，教育人工智能可从以下两个方面促进学生的深度学习。

第一，深度思考是深度学习的基础。深度学习是学生内在学习动机指引的积极学习。深度学习过程中，问题的建构至关重要。因为解决问题的过程就伴随着"提出问题""发现问题"，深度学习的基础是能够以恰当的方式提出有价值的问题。

问题要从生活中来，到生活中去，教育不仅仅要教会学生如何回答问题，更要教会学生如何提出问题，尤其要培养学生面向未来提问的习惯和能力。

第二，科学分析定制学习内容。深度学习能否有效推进，学习内容是学与教的活动过程中的关键要素之一。教学机器可根据学生的性别、兴趣爱好及知识能力水平等，推送学生认知水平范围的学习资料。首先由教师人工设置深度学习预警标准；其次由机器根据学生的学习行为通过数据追踪判断学生对当前学习内容是否感兴趣，与教师设定的深度学习标准进行比较，进而判断是否转入进一步地深度学习和扩展性学习。通过人与机器的合作，为学生有效开展深度学习提供合适的学习内容，促进学生进行更加深入的思考。

三、人工智能促进教学评价与教学管理创新发展

教学变革包括教学评价与教学管理变革，应采取与新型教学方式相匹配的教学评价方式和教学管理手段，监控教学过程和质量。技术的发展和教学环境的优化创新，使得教与学的过程数据越来越丰富，教育工作者要利用大数据、学习分析等技术对教学数据进行充分挖掘、深入分析，实现教学评价与教学管理的自动化、智能化和科学化。

（一）智能测评

随着信息技术的快速发展，评价手段也越来越趋于自动化和智能化，利用技术辅助教学评价，不仅节省了人工评价成本，而且大大提高了评价反馈的及时性和准确性，进而提高了教师教的效率与学生学的效率。

1. 智能测评的内涵

在图像识别技术、自然语言处理、智能语音交互等人工智能技术的推动下，智能教学测评已成为现实。智能测评是通过自动化的方式评估学生的发展的。自动化是指由机器承担一些人类负责的工作，包括体力劳动、脑力劳动等。

通过人工智能，可对数字化处理过的教学过程、教学数据进行测评与分析，在教学领域已经得到初步应用。一是利用语音识别进行语言类智能测评，这类语音测评软件能够根据学生的发音进行打分，并指出发音不正确的地方。二是利用自然语言理解和数据分析技术对学情进行智能评测，跟踪学生的学习过程，进行数据统计，分析学生在知识储备、能力水平和学习需求的个性化特点，帮助学生与教师获得真实有效的改进数据。

2. 智能测评的特征

（1）评价结果科学化

智能测评通过技术的支持，对每个学生建模，结合知识图谱和智能算法，使每个学生都能及时得到评价反馈，更加关注学生整体、全面地发展，将评价贯穿教学活动的始终。学生可以根据智能测评结果反思自我，获得努力的方向。

（2）评价反馈及时化

①语言测评及时反馈。随着语音识别技术的发展，系统能够听懂学生的声音，学生可以反复听读，系统可以实现逐句打分，根据发音、流利度实现机器对学生发音的纠错与反馈。通过机器反馈，及时对学生进行纠错，这极有助于学生进行自主学习和练习，使其在语言学习时敢于大胆张口，不用完全依靠教师，在学习内容、学习方式、学习时间上更加自主。

②学情测评及时反馈。智能测评通过机器批阅作业，及时给予学生反馈，并可以给出学习指导，从而激发学生学习的积极性。

3. 智能测评的关键技术

（1）语义分析技术

语义分析是指机器运用各种方法，理解一段文字所表达的意义，它是自然语言理解的核心任务之一，涉及语言学、计算语言学以及机器学习等多个学科。随着 MCTest 数据集的发布，语义理解备受关注，并取得了快速发展，相关数据集和对应的神经网络模型层不断涌现。

①语义分析的过程。一是词法分析。机器通过"语料库和词典"获得用户内容中关于词的信息。一篇文章是由词组成句子，由句子组成段落，再由段落组成篇章，要实现语义理解，首先要找出句子当中的词语，确定词形、词性和语义连接信息，为句法分析和语义分析做准备。二是句法分析。根据语法规则，解析句子的结构，包括主语、谓语、宾语以及语法规则等。三是语义分析。语义分析从单个词开始，结合句法

信息，理解整个句子的意思，再结合篇章结构确定语言所表达的真正含义。

②语义分析教学应用。一是交互信息分析。语义分析在教学中的应用环境主要包括在线学习、网络培训等，如对大规模在线开放课程中学生交互信息、发帖信息等文本类的信息进行分析。二是作业批改。目前的智能批改产品基于语义分析，已经可以实现对主观题进行自动评分，能够联系上下文去理解全文，然后做出判断，如各种英语时态的主谓一致、单复数等。

（2）语音识别技术

语音识别技术的研究问题是如何使计算机理解人类的语音。让计算机能够听懂人们说的每一个词、每一句话，这是人工智能学科从诞生那天起科学家就努力追求的目标。语音识别技术的研究经历了三个主要过程，首先是标准模板匹配算法，然后是基于统计模型的算法，最后到达深度神经网络。将语音识别技术应用于英语学习，能高效支持学生进行听、说练习。

（3）光学字符识别技术

光学字符识别技术是指通过电子设备检查纸上的文字，通过检测字符形状，然后用识别方法将形状翻译成计算机文字的过程，通过该技术将手写文本转换成数字化文本格式。图像识别技术发展迅速，不仅可以准确识别机打文本，而且对手写文本的识别也已达到较高的识别准确率。

（二）差异性评价

1. 差异性评价的内涵

科学评价学生，要关注学生的差异性，尊重学生的个性特征，以发展的眼光对学生进行差异化评价。这种差异性的评价体现在评价的侧重点上，也可体现在评价难度等级的差异性上。例如：对先天运动细胞强的学生，从训练强度、训练指标等多个角度评价其体育发展。而对于先天体弱的学生，只要对其基本运动情况进行评价即可，不需要进行深入评价。根据多元智能理论，关注学生的差异性，发现每个学生所擅长的方面，进而给予积极反馈，帮助他们取得更好的发展；对于在某方面学习有困难的学生，帮助他们找到合适的学习方法。

2. 差异性评价的原则

（1）发展性原则

教学评价不仅要关注学生的当前表现，还要考虑学生的未来发展。因为评价对象总是处于不断发展变化中的，所以评价体系也应是动态的，这样才能适应学生的发展需求。评价的发展性是根据学生的知识、能力、态度等评价指标，对学生过去和现在的表现进行对比分析，着眼于学生未来发展的目标，给予学生现状的评价，帮助其更好地迈入下一成长阶段。差异性教学评价是通过不断采集学生的数据，进行学生建模，利用人工智能技术动态调整评价指标，充分了解学生认知变化特点，为学生提供支持。

（2）多元性原则

技术支持的差异性评价的多元性表现在评价取向和评价标准、评价方式方法的多元性。首先，在评价取向和标准上，差异性评价是将学生的情感与态度、过程与方法、知识与技能、创新创造能力等方面纳入评价体系，实现评价内容的多元化。人工智能的发展促使每个学生都有自己的评价标准，每个人的评价标准都不同，让学生可以看到自己的进步，获得更多的肯定，激发其学习动力。其次，在评价方式方法上，技术的飞速发展使得评价手段趋于自动化和智能化，改静态化评价为过程性评价，调动每个学生参与评价的积极性，使其在评价中获得充分发展。

（3）激励性原则

每个学生都渴望得到家长、教师的赏识，而教学的艺术就在于激励、挖掘学生的潜能。激励可以营造轻松愉悦的学习气氛，使学生感受到成就感，产生积极向上的学习动力。差异评价要通过评价系统为学生制定合理的发展目标，坚持适度原则，让学生朝着期望的目标努力。系统根据学生的表现情况给予反馈和鼓励性的评语。学生所获得的激励性评价，可以进一步激发学生学习的热情。

第二节　人工智能时代下的高职教育人才培养目标

一、人工智能与高职教育

（一）人工智能

人工智能（Artificial Intelligence，AI），即人制造出来的智能。这一词可以分为"人工"和"智能"两个部分。"人工"一词毫无争议，在这里它与自然相对，泛指由人制造的。从词源学上看，"智能"一词源于拉丁语"legere"，字面意思是采集、收集、汇集，并由此进行选择。

（二）高职教育

高职教育是高等教育的重要组成部分，是为了适应经济和科学技术发展的需求而产生的。高职教育在社会经济的发展中发挥着不可估量的作用。高职教育即一种针对特定职业岗位所需知识、能力和素质，并在一定程度上突出职业性和应用性特征的高等教育类型。

（三）高职教育人才培养目标

第一，高职教育的培养目标是指根据一定的教育目的和约束条件，对教育活动的预期结果，即学生的预期发展状态所作的规定，它是根据国家的教育目的和高职院校的自身定位，对培养对象提出的特定要求，是对各级各类人才的具体培养要求。

第二，高职教育人才培养目标作为高职教育对其培养的人的具体标准和要求，在教育界形成了较为明确的定义，也被称为教育目标。高职教育人才培养目标必须符合国家教育方针中指明的总体发展方向和教育目的中对人才培养规定的根本性要求，它可以为具体的课程目标和教学目标提供参考。

第三，高职教育人才培养目标在整个现代高等职业教育体系中起着重要的指导作用，既是高职教育实践活动的出发点，也是检验高职教育质量高低的理论标准。关于高职教育的人才培养目标，从目标定位主体的角度来说，可以划分为国家层面在政策文件中明确的人才培养目标，高职院校层面在教育实践中确立的人才培养目标以及专业层面具体的人才培养目标。

二、文献综述

（一）关于高职教育人才培养目标的定义研究

我国高职教育人才培养目标的定位大概经历了培养"技艺性强的高级操作人员""高级职业技术人才""高等技术应用型专门人才""高素质高技能专门人才""高端技能型专门人才""发展型、复合型和创新型的技术技能人才"等阶段。基于企业生产组织方式变革的视角，将高职人才培养目标定义为培养知识型技能人才，既具备较高的专业理论知识水平，又具备较高操作技能水平的人员，可概述为"知识＋技能"型人才；人才培养目标的定义会受到当时所处的社会背景影响，从不同的视角出发，人才培养目标的定义也会有所不同。

（二）关于影响人才培养目标变化的因素研究

影响高职院校人才培养目标变化的因素有很多，其中，企业对人才的需求是影响高职教育人才培养目标的核心因素。生产组织方式是高职院校人才培养的影响因素之一。学校应根据行业企业的生产组织方式，调整并细化技能型人才目标的具体要求。高职教育的培养目标只有与企业的人才需求相适应，才能生存，才能被社会接受，才能得到持续地发展。这在一定程度上充分说明了校企合作对实现人才培养目标的重要作用。

（三）关于高职教育人才培养目标的实现策略研究

高职教育人才培养目标的实现需要多方面的协同努力，不同的学者从不同的角度研究了这个问题。比如，从树立"以人为本"的高职教育理念、改进人才培养方案以及改革管理机制三方面构建人才培养目标。

三、人工智能带来的影响及其人才需求分析

随着物联网、云计算、3D 打印技术以及虚拟现实技术的快速发展，人工智能时代加速到来。它与之前的时代最大的区别就是图像识别、语音识别、自然语言处理等智能技术的飞速发展以及智能家居、智能医疗、智能机器人等智能产品融入人们的日常生活。人工智能时代下 AI 技术的发展颠覆了企业的发展模式，改变了人们的生活方式，对传统高职教育也产生了深远影响，这一系列变化引发了人才需求的改变，对人才培养的目标提出了新要求。

（一）人工智能的特征

人工智能的特征主要表现为三个方面：一是以大数据为基础，依托强大的计算，服务于人类。通过计算对数据进行收集、加工和处理，形成有价值的信息流和知识模型，从而为人类提供服务。二是具有感知环境的能力，能够迅速产生反应并且与人交互，优势互补。人工智能系统能够借助传感器对外界的环境进行感知，借助键盘、鼠标、屏幕、VR 和 AR 等方式，对外界输入的信息产生文字、语音和动作等一系列反应，使人与机器之间可以产生互动，并且可以共同协作完成任务。三是有极强的适应能力和学习能力，具有一定的连接扩展功能和调节能力。人工智能系统在理想情况下具有一定随环境、数据或任务变化而自适应调节参数或更新优化模型的能力，在此基础上还可以通过与云端、

人、物进行数字化连接扩展，同时可以通过不断地调节应对复杂变化的现实环境，从而使人工智能系统在各行各业应用广泛。

（二）人工智能带来的影响

1. 企业的发展模式向智能化转变

在人工智能时代，企业的发展模式向智能化转变。首先，智能化表现在智能开发上，产品的设计和研发建立在大数据分析顾客需求的基础上，充分体现了个性化和定制化的理念。另外，3D打印技术的发展极大地缩短了产品的设计周期，提高了产品的研制效率。其次，智能化表现在智能生产上，面对"机器换人"趋势愈演愈烈的情况，单一岗位的技能操作型人才将大幅减少，工人的角色发生了巨大改变，他们将由操作者转变为智能机器的管理者，需要监管整个生产流程的运转，包括调试、监督和协调智能机器的运作，对其进行规划、决策和评估，还要对智能机器进行保养和维修。除此之外，智能化还表现在智能服务上，通过大数据平台可以实现产品信息的共享，并为用户提供技术服务，还可以将用户的产品运输信息与物流网络点精准对接，随时掌握售后产品的物流情况，积极解决用户的各种问题。企业智能化的发展模式要求工作人员必须具备智能装备编程能力和数据分析能力，只有这样才能更好地适应工作的需要。人工智能时代下企业智能化的发展模式对人才的需求发生了变化，这必将带来高职教育人才培养目标的变革。

2. 人们的生活方式向智慧化转变

在人工智能时代，人们的生活方式向智慧化转变。首先，人类生活方式的基本特征表现为便捷性。人工智能技术已经成了手机上大部分应用程序的核心驱动力。AI技术渗入人们日常生活中的每一个角落，人们借助各种智能终端进行工作、学习、出行、娱乐和购物，这使得人们的生存空间得以扩展和延伸，人们的生活变得更为方便。同时，个人/家庭服务机器人的应用给人们的生活带来了极大的便利，智能家居不仅让人们的生活更加舒适，还将人们与整个世界联结在了一起。其次，人类生活方式的基本特征还表现为虚拟性。人类的实践活动完全可以建立在超越现实的基础上，可以借助各种技术手段体验现实世界中没有的东西，而 VR 正为人们的虚拟性生活提供了最好的手段。最后，人类生活方式的基本特征还表现为个性化。人工智能技术平台为人类创造了一个人人都可以自由进入、人人都可以展现自我才能的空间，数字化的平台为全面发掘人的主观能动性和创造性提供了新的手段，进一步强化了个人的创造意识和主动意识，彻底实现了工作与生活上的开放、独立、平等与自由。生活方式的改变要求人们以新的姿态面对学习、工作和生活，那么，究竟该培养什么样的人以适应新的工作，培养什么样的人更好地适应这样的生活方式，这势必会引起高职教育人才培养目标的变革。

3. 人工智能时代的到来对高职教育产生了深刻的影响

面对人工智能技术对就业市场的巨大冲击，高职教育受到了巨大的挑战，主要包括职业教育的办学形态需要转型、专业设置需要调整以及教学内容需要革新。

企业工作者进行交流沟通，还可以利用 VR 技术模拟客观现实情境，借助人工 AR 技术进行实训模拟和生产实践；学校通过技术平台可以进行校园数据的统筹分析，生成可视化分析图，为学校管理者提供基于数据与模型的决策建议，这使得高职教育实现了"教、学、管"全方位智能化发展。因此，必须改革传统的高职教育，尤其是人才培养目标的变革，直面迎接新技术带来的巨大冲击，加强高职教育的现代化和信息化建设，提高人才培养质量，切实增强高职教育的活力。

（三）人工智能所引发的人才需求分析

1. 具有人工智能思维的人才

与工业时代的思维模式相比，人工智能时代的思维模式更加强调"以人为本、用户至上"的理念。人工智能背景下，社会生产和生活中需要的不仅是有知识、有技能的人才，还应该是具有人工智能思维的人才。首先，人工智能思维是一种理解尊重的思维。人工智能技术的发展使得定制化生产成了现实，企业越来越追求优化效率，顾客越来越追求消费品质，客户可以通过特定的平台为企业的设计和生产提出自己的想法，企业则按照客户的需求进行产品的优化和升级，从而满足用户的个性化需求，让用户获得最佳体验。对顾客消费个性化和差异化的理解和尊重需要新时代的人才具有理解尊重的思维。其次，人工智能思维是一种平等协作的思维。人工智能技术的发展不仅让人们在工作中增加了很多机器人同事，也使人们在生活中增加了很多机器人帮手。要想在工作和生活中得心应手，必须学会与机器人平等友好地相处，协作完成一些任务，因此，平等协作的思维在人工智能时代下显得尤为重要。

2. 人工智能应用型人才

随着人工智能技术的不断应用和发展，全球人工智能产业格局发生了巨大的变化，各国都加大技术研发投入和科技创新力度，积极布局人工智能产业。因此，人工智能应用型人才将成为推动智能产业发展的重要力量。所谓人工智能应用型人才，是指能够将人工智能技术与传统行业进行融合，可以利用新技术促进行业发展的人才。他们不仅对人工智能技术有一定了解，而且对整个行业的发展模式也有较为深刻的理解，能够根据不断更新的信息及时制定新的发展策略。人工智能时代科学技术的迅猛发展使得行业的发展加快，企业为了自身的发展势必会竞争集专业知识和技能以及人工智能技术于一体的人才。因此，掌握 AI 知识并且能够熟练地将所学知识应用于实践的人工智能应用型人才在新时代将会非常抢手。

3. 跨界复合型人才

人工智能时代下，各类新型高端技术层出不穷，智能化工作环境中工作内容的复杂程度大幅提高，复合型工作者成为社会必需人才。"跨界"是职业教育的本质特征。人工智能时代下，不同行业之间相互融合，产业之间的边界也逐渐被打破，尤其是制造业和服务业之间的融合发展，这样就使得每位工作者的工作范围大大增加，一位工作者很可能既是产品的设计者，也是产品的生产者，同时还是产品的销售者。个体要想很好地完成这些工作，必须对不同专业领域的知识和技能都有所了解，既要掌握技术技能，还要掌握大数据和智能设备的维护和调试，除此之外还能够用多样化的方式与顾客沟通，满足顾客的需求。因此，高职教育应及时调整人才培养目标，更加注重培养学生的综合职业能力，具体包括跨学科能力、创新能力和独立思考能力等，培养跨界复合型人才在人工智能时代下将显得至关重要。

四、人工智能时代下高职教育人才培养目标分析

高职教育人才培养目标是人才培养问题的核心，合理地定位人工智能时代下高职教育的人才培养目标是高职院校进行专业设置、课程安排和有效开展教学的前提条件，也是确保人才培养质量的重要基础。人工智能时代下高职教育人才培养目标的定位既要考虑社会发展对人才的时代需求，也要遵循教育的发展规律，既要从整体的类型定位、层次定位和职能定位三方面考虑，也要从具体的知识结构、能力结构和品德结构三方面明确培养规格。

（一）目标定位的依据

人才培养目标是所有学校教育活动的出发点和最终归宿，它的定位既需要与社会经济科技的发展相匹配，也需要科学理论的指导，同时也离不开对国家政策文本的分析。因此，在定位人工智能时代下高职教育的人才培养目标之前，要充分了解社会生产力的需求，社会经济科技的发展是人才培养目标确定的根本依据，同时在成熟的理论成果和政策文本中进行深度挖掘，就业市场的需求是人才培养目标确立的直接依据。

（二）总体目标定位

人才培养目标是学校教育教学工作的出发点，也是学校各项工作的落脚点，确立合适的人才培养目标对提高高职教育的教学质量具有极其

重要的意义。人才培养目标总体上应该从培养的人才类型、人才层次和人才职能三方面进行定位。人才类型定位有助于将高职教育与其他教育类型相区分，体现高职教育在教育体系中的独特地位；人才层次定位有助于高职教育体系内部的合理分工；人才职能定位有助于突显高职教育的时代使命，明确学校对所培养人才的预期标准，使培养的人才与企业的职业岗位需求相匹配。

1. 目标的类型定位

类型是指具有共同属性特征的事物所形成的种类。高职教育人才培养目标的类型定位就是对其培养的人才属性的划分，人才类型的划分涉及很多领域，是由社会分工对不同类型人才的需求状况决定的，依据不同的划分标准可以把人才划分为不同的种类。习惯上可以将人才分为两大类，学术型人才和应用型人才。其中，应用型人才根据不同层次或工作范围又可分为工程型人才、技术型人才和技能型人才。以往，人们通常将高职教育的人才培养类型定位为技术技能型人才，强调将技术原理转化为物质实体的实践能力。在人工智能时代下，科技的发展将技术技能工序变为了智能化程序，大数据、机器、产品和人共同组成了一个相互联系的智能系统，智能化的生产过程需要精通 AI 技术和网络技术的智能型人才。智能型人才侧重对智能化系统的应用、操纵和维护，强调技术的专业性和软性化生产能力以及技术的研发能力。同时，他们能够在传统工作的基础上熟练运用数字化技术，架起企业各部门之间以及企业与客户之间沟通的桥梁，使设计、研发、生产、销售各个部门之间互通有无、通力合作。其中，普通高等教育尤其注重智能研发人才的培养，与之相比，高职教育所培养的智能型人才则更加突出对智能化生产系统的操作，要求他们在智能生产流程中发挥重要作用，主要包括对智能机器运作过程中的监控以及对智能机器的维修和保养等。

2. 目标的层次定位

层次是指同一类事物相承接的次第，强调在纵向发展上的差别。不同层次具有不同的性质和特征，彼此之间既有共同的规律，又有各自独特的规律。人才培养目标的层次定位主要是指同一类教育中对不同层次学生的知识、能力以及品德的不同要求。人工智能时代下，由于产业结构的优化升级和智能机器的普遍应用，个体所要面对的是高度智能化的复杂性系统，因而对人才的层次需求趋向高端。鉴于此，个体必须具备更加专业性、综合性的高端操作技能，这种高端层次主要表现为能够适应产业链上端岗位，不仅具备精湛的操作技能，还能够熟练运用相关的计算机工业软件，能够独自承担整条生产线的运转。因此，人工智能时代下，高职教育所培养的人才层次应定为高端人才。

3. 目标的职能定位

培养目标的职能定位是指对培养目标未来职业和岗位职责的预期标准，是培养方案中对人才培养目标的总的描述。也就是说，目标的职能定位是对所培养的人才在未来可以从事和胜任的职业或岗位的预期描述，与社会发展的人才需求密切相关。高职教育所培养的是能够适应机器生产、可以按照机器的节奏工作的人才。人工智能时代下高职教育的人才培养目标应定位为面向人工智能时代下各行各业的需要，培养能够适应智能化生产模式，有较强的智能控制能力、实践能力、创新能力和可持续发展能力，具有良好的职业道德和职业素养，能够胜任智能设备的安装、调试、操作、维护、销售、经营管理等工作，服务于生产、开发、设计、维修、保养和管理等实际生产部门的智能型、复合型的高端人才。

（三）具体规格定位

人才培养规格是培养目标的具体化，是各级各类学校对所培养的人才在知识、能力和品德等方面要达到的具体要求，有助于明确教学过程的具体要求，增强培养目标的可操作性。随着产业结构的转型升级和经济结构调整步伐的急速加快，企业对人才培养目标的知识结构、能力水平和品德素质都提出了更高的要求。高职教育的人才培养目标只有在知识、能力和品德三方面都达到一定的要求，实现统一融合，才能真正培养出符合社会需要的人才，才能更好地适应市场和产业结构快速更新的需求。

1. 知识结构

知识结构是指人才培养目标中对所要培养的人才应该掌握的知识类别以及各类知识所占比重的界定。一个完整的知识结构应该包括基础知识、专业知识和相关知识三个方面。

第一，基础知识是指学生必须具备的最基本的知识，主要包括自然科学知识和社会科学知识。基础知识越扎实、丰富，个人的潜力发挥得就越大。人工智能时代下，信息网络技术和 AI 理论将成为每个人必备的基础知识。

第二，专业知识是指学生从事某一职业必须具备的理论知识和行业知识，主要包括专业理论知识和专业实践知识。人工智能时代下，学生除了要掌握本专业的知识，还应该将专业知识与 AI 知识相结合，并且学以致用。

第三，相关知识是指学生在工作和生活中会用到的辅助性知识，有助于学生岗位迁移和综合能力的培养。人工智能时代下，"AI＋"成了普遍趋势，熟练掌握相关知识将变得越来越重要，这就要求他们不仅要具备本专业知识，还要涉及新一代信息技术、自动控制、数据分析等相关知识。

人工智能时代下高职教育人才培养目标的具体知识结构应以专业知识为核心，以基础知识和相关知识为两翼，形成协调优化的复合型知识结构，培养符合时代发展需求的"米"字形人才。

2. 能力结构

心理学上认为，能力是一种心理特征，是顺利实现某种活动的心理条件。根据不同的标准，可以将能力划分为不同的类别，从能力性质的角度把职业能力划分为基本职业能力和关键能力。

（1）基本职业能力

基本职业能力是指个体从事职业活动所必需的基本能力，是个体胜任职业工作的核心能力，主要包括专业能力、方法能力和社会能力。其中，专业能力是指劳动者具备从事职业活动所必需的专业知识和专业技能，具有独特性、针对性和应用性；方法能力指劳动者具备从事职业活动所必需的工作方法和学习方法，具有普适性和持久性；社会能力是指劳动者具有处理社会关系、承担社会责任并且适应社会规则的能力，尤其强调积极的人生态度和高度的社会适应性。

（2）关键能力

关键能力是指学生为了更好地完成不断变化的工作任务和适应新职业新岗位而获得的不受时间限制的能力以及终身学习的能力，可分为专业关键能力、方法关键能力和社会关键能力。它源于基本职业能力，而又超越和深化了基本职业能力，是基本职业能力在纵向上的延伸。

人工智能时代下，技术的迅猛发展使得高职教育培养出来的人才面临更大的职业更换风险，职业选择的不确定性也极大地增加。面对新技术的冲击，高职教育应服务于学生职业生涯的发展，注重培养学生的可持续发展能力和创新能力。激发个体的潜能，关注个体的后续发展，充分发挥人才的驱动功能和服务发展功能，这是满足学生进行终身学习和适应职业变化的需要，也是不断优化人才链的核心。尤其要强调的一点是，要培养学生人机协作的能力，达到人与机器各擅其能、各司其职的和谐状态，这样学生在未来的工作岗位上才能够和机器人同事友好合作，并且可以更用心地投入人工智能的相关工作领域中，成为行业发展的中流砥柱。因此，关键能力在人工智能时代将显得尤为重要。

3．品德结构

品德即道德品质，也被称为德行或品性，是个体依据一定的道德准则在日常行动中所表现出来的行为倾向与特征。高职教育的人才培养目标在品德方面的要求应该包括社会公德、职业道德和职业精神。人工智能时代下，对品德方面的要求增加了新的内容。

（1）社会公德

社会公德是指个体在社会生活和交往中应该遵守的行为规范和生活准则，是维护公共集体利益、保障社会秩序最基本的道德要求，主要包括遵纪守法、保护环境、助人为乐等。不管在什么时代，社会公德都是个体的重要品德之一。人工智能时代下，各级各类教育依旧应该注重对学生社会公德的培养，高职教育也不例外。

（2）职业道德

职业道德是指个体在职业活动中应该遵循的行为准则，是个体从事职业活动必备的基本品质。它在调节个体与领导、个体与同事、个体与服务对象的关系中起到至关重要的作用，主要包括爱岗敬业、忠于职守、勇于担当等。高职教育的人才培养目标无论在什么时代，规定所培养的人才除了必须是一个遵守社会公德的良好公民外，还必须是一个高尚的"职业人"。在人工智能时代下，除了要培养学生基本的职业道德以外，尤其要强调的是培养学生具备与机器人竞赛的职业道德，在工作过程中，既要用自己的多元智能与智能机器人竞争，也要学会与智能机器人合作。

（3）职业精神

职业精神是指个体在从事职业活动时应具有的职业操守与精神，是个体将职业道德内化后所表现出来的。主要包括忠诚精神、进取精神、奉献精神等。一个人只有具备高尚的职业精神，才能在工作中更好地遵守职业道德。因此，职业精神是确立人才培养目标时必须考虑的方面。人工智能时代下，随着信息技术的迅猛发展，知识和技能的获取变得相对简单，企业将更加关注员工对公司的奉献精神和忠诚精神。高职教育应更加注重职业精神的培养，尤其是创新精神的培育。因此，持续创新的能力将成为企业最为看重的职业能力之一。

五、人工智能时代下高职教育人才培养目标的实现路径

（一）国家层面：做好人工智能时代高职教育发展规划

高职教育作为我国职业教育的重要组成部分，在国民教育体系中具有举足轻重的地位。高职教育的发展及其人才培养离不开国家的具体规划，好的规划可以为高职教育的发展提供指引，切实保障人才培养目标的顺利实现。

1. 做好面向人工智能的高职教育发展调研工作

针对人工智能时代下高职教育的改革与发展，国家应成立专门的人工智能专家小组进行调研和指导。小组成员既应包括人工智能专家，也应包括教育专家，要充分了解现在人工智能市场的人员从业情况，收集数据，在对人工智能和教育发展实际情况调研的基础上，有效预测未来企业发展的人才需求和供给情况，及时对高职教育的人才培养目标、专业建设、课程设置等提供指导和评估，从而推动高职院校人工智能行动计划的开展与研究，以此提高高职教育的人才培养质量和办学水平。

2. 落实人才培养的专业调整规划

人工智能时代的到来推动了产业结构和岗位结构的变迁，要想人才结构很好地与之相匹配，那么国家必须从整体上对高职教育的专业设置进行调整和规划。应根据人才需求预测和各地区的经济发展情况，调整专业设置。首先，采用"人工智能＋"的方式，针对人工智能技术相关的岗位群，开设新型专业与传统专业组成专业群。比如，将工业联网、工业机器人技术等新型专业与数控技术、电气自动化等传统专业组成的新的专业群，从而促进专业的协同创新发展。其次，采取"专业＋"的方式，在具体的专业教学内容中加入大数据、3D打印技术、物联网等方面的知识，促进人工智能和专业的融合。

（二）区域层面：政校企联动发展对接人工智能发展需求

职业教育主要服务于当地区域经济发展的需要，区域政校企的合作

可以有效提高高职院校的人才培养水平，切实为区域经济的发展提供科技支撑和智力支持。为了实现人工智能时代下高职教育的人才培养目标，政校企要进行多层次、全方位、宽领域合作，共同努力，以对接人工智能的发展需求。

1. 政府调控高职院校和当地人工智能产业的协同发展

在高职教育的发展中，政府起着关键性作用。人工智能时代下，要想推动高职教育实现跨越式和可持续发展，政府必须宏观调控，做好高职院校对接当地人工智能产业的发展规划。首先，政府要加强对当地人工智能产业的调研，及时关注人才市场的变化，建立区域产业发展和人才需求预测平台，充分掌握资料和动态数据的变化规律。其次，在国家规划的基础上，根据区域发展情况、区域经济特色和产业结构特点，结合各大高职院校的特色专业对高职院校的发展进行指导，既包括专业的规划、课程的设置，也包括师资力量和实训基地的建设，从而打造区域特色品牌院校和专业。除此之外，政府要建立高职教育与地方区域经济发展相适应并能够相互促进的管理体制，提升高职教育的办学质量，同时促进地方人工智能产业的发展。

2. 校企合作共解人工智能发展难题

随着智能技术的发展，数据分析、物联网、工业机器人技术等都融入高职教育的教学实践中，高职院校的发展会面临诸多挑战，同时，传统企业在转型升级的过程中也会遇到很多困难。因此，高职院校应与企业加强合作，共解人工智能发展难题。对于高职院校来说，可以邀请企业加入学校的教育教学改革中，让企业深度参与学校的专业规划、教材开发、教学设计、课程设置和学业评价等环节，与企业共同开发优质的教育教学资源。同时，高职院校可以充分利用企业的资源，包括实训场地和先进设备，让学生切实体验智能化生产系统，在具体的实际工作中不断培养他们的技术能力和创新意识。

3. 校际共享人工智能发展资源

通过校际合作，可以优化教育资源，实现教育资源的共用共享，教育投入的效率和效益可以得到极大提高。通过校际合作，可以共享人工智能发展资源，从而实现院校更好更快地转型与发展。首先，院校之间可以结盟为兄弟院校，在专业建设、课程设置以及教学模式等方面进行交流与合作，通过课程共享和专业共建等方式，促进学校人工智能的共同发展。其次，由于实训设备比较昂贵，院校之间可以共建智能实训基地、共享实训资源，从而更好地对接产业链的发展，使培养的人才在知识结构和能力结构上满足企业的需求。除此之外，院校之间可以共同研究关于人工智能的科研项目、开展教研活动。这样，不仅能够促进教师的专业发展，而且可以让学生接触更广泛的学科和专业，为学生的职业生涯发展储备充足的知识，同时促进学生跨学科能力的不断发展。

（三）院校层面：全面变革培养模式应对人工智能的发展

人才培养目标的最终实现需要依靠学校的自身变革，学校应主动适应社会经济科技的发展，与时俱进，在立足本校特色的基础上锐意创新，从专业设置、课程建设和师资队伍建设等方面积极改革，对接人工智能时代下的人才需求，从而促进自身的可持续发展。

1. 专业设置要对接人工智能产业发展

专业是将学校和行业企业连接起来的重要纽带，是学校实现育人功能的基本前提。人工智能时代下，产业结构发生了重大改变，涌现出了一大批新型企业和就业岗位。因此，高职院校的专业设置要进行相应的调整，使之能够很好地对接产业结构的变化。

智能化生产系统逐渐成为企业的主流生产方，工作者的工作模式发生了巨大改变，他们要想顺利完成工作，必须掌握完整的工作过程中所需要的知识和能力。鉴于此，院校要将部分专业进行融合、交叉，注重培养学生的综合职业能力和跨界整合能力，从而有效满足工作岗位的需求。

除此之外，随着智能技术的不断发展，很多重复性、标准化的工作将不再需要人工操作，相应的岗位将被淘汰。因此，相应的专业应该缩减规模或者升级，并且对于已经过时的专业学校应分批次地撤掉。

2. 课程建设要基于智能化生产需求

课程是学校培养人才的重要载体，在高职院校人才培养目标的实现中起至关重要的作用。首先，课程开发要采用工作系统分析法，应基于完整工作过程，对智能化生产系统中的工作过程进行深入分析，把工作者需要执行的整个工作系统或工作流程作为分析对象，以此开发和设置课程，从而使学生获得应对复杂工作任务的整体能力。其次，课程结构要基于智能化生产进行整合，既包括专业领域内课程的横向整合、同一专业领域内或同一门课程的纵向整合，也包括不同专业领域课程的跨界整合。面对人工智能时代的智能化生产体系，课程结构应统筹各专业、各学科、各年级的课程，不仅要发挥各门课程独特的育人功能，更重要的是要发挥课程间综合育人的功能，从而培养学生的综合职业能力和跨界整合能力。除此之外，课程内容应将专业知识、跨学科知识、职业精神、职业技能和人工智能技术相融合，同时增设 AI 课程以及与 AI 相关的深度学习、混合智能、数据挖掘等课程，并且融入隐私、安全等内容，培养学生的人工智能素养，切实有效地提高课程质量与教学效果。

3. 师资建设要服务于高端人才的培养

优秀的师资队伍是人才培养目标实现的重要保证，也是全面深化教学改革、推动高职教育持续发展的关键所在。人工智能时代下，要全面深化教师队伍建设，服务于高端人才的培养。首先，要重视人才引进。学校要积极引进人工智能专业人才，聘请人工智能领域中的专家，引进经验丰富、技术过硬的能工巧匠，打造高水平的人工智能教学团队。其次，要重视师资的培训。职业教育教师培训项目框架体系中，既包含专业大类的"职业相关领域模块""跨专业领域模块"，还包含"公共通识领域模块"。在"公共通识领域模块"中，不仅包含项目教育教学法的培训，还包括创新创业的培训内容。教师在原有知识技能的基础上，要不断提升自身的创新能力和教学能力。

第三节　人工智能技术在高职计算机教学中的运用

一、人工智能技术在计算机网络教育中的应用

（一）人工智能技术的简介

人工智能是近年来才被人们所认识与熟知的，它主要是应用在人工模拟操控以及实现人的智能扩展和延伸上，属于一项综合性的技术，综合了相关的智能技术以及操控技术，人工智能的应用主要是以计算机为载体实现的，从根本上来讲是讲求高应用技能的计算机。

科技改变人类生活，人工智能作为一种特别的计算机科学的一种，是对于人类思维的研究、开发，并利用计算机对人类思维进行模仿、延伸和扩展的一种智能系统。而关于人工智能的研究是涉及多个领域的，不仅包括对机器人、语言识别和图像识别的研究，还包括对自然语言处理和专家系统等方面进行的深入探析。所以人工智能可以说是一门企图了解智能实质，进而生产制造出一种崭新的能够同人类智能一样做出反应的智能机器的研究。在人工智能技术诞生以来，关于人工智能的理论和技术目前被不断地完善和改进，而人工智能在应用的领域也在不断扩张，未来，人工智能下生产的科技产品作为人类智慧的模仿，将会更好地服务于大众。

（二）人工智能的主要特点

第一，人工智能具有强大的搜索功能。搜索功能是采用一定的搜索程序对海量知识进行快速检索，最后找到答案。

第二，人工智能具有知识表示能力。所谓知识，是指用人类智能对知识的行为，而人工智能相对来说也会具有此类特征，它可以表示一些不精确的模糊的知识。

第三，人工智能还具有语音识别功能和抽象功能。语音识别能处理

不精确的信息；抽象能力是区别重要性程度的功能设置，可以借助抽象能力将问题中的重要特征与其他的非重要特征区分开来，使处理变得更有效率更灵活。对于用户来说，只需要叙述问题，而问题的具体解决方案就留给智能程序。

（三）智能计算机辅助教学系统

1．人工智能多媒体系统

（1）知识库

智能多媒体应该拥有自己的知识库，知识库中的教学内容是根据教师和学生的具体情况进行有选择的设计。另外，知识库应该做到资源的共享，并且要时时更新，这样才能实现知识库的功能。

（2）学生板块

智能教学的一个特征是要及时掌握学生的动态信息，根据学生的不同发展情况进行智能判定，从而进行个别性指导以及建议，使教学更加具有针对性。

（3）教学和教学控制板块

这个板块的设计主要是为教学的整体性考虑，它关注的是教学方法的问题。具备领域知识、教学策略和人机对话方面的知识是前提，根据之前的学生模型分析学生的特点和其学习状况，通过智能系统的各种手段对知识和针对性教育措施进行有效搜索。

（4）用户接口模块

这是目前智能系统依然不能避免的一个板块，整个智能系统依然要靠人机交流完成程序的操作，在这里用户依靠用户接口将教学内容传送到机器上完成教学。

2．人工智能多媒体教学的发展

（1）不断与网络结合

随着网络的飞速发展，智能多媒体也与网络不断紧密结合，并向多维度的网络空间发展。网络具有海量知识、信息更新速度快等各种优点，与网络的结合是智能教学的发展方向。

（2）智能代理技术的应用

教学是不断朝学生与机器指导的学习模式发展，教师的部分指导被机器所逐渐取代，如智能导航系统等。

（3）不断开发新的系统软件

系统软件的特征是更新速度快，旧的系统满足不了不断发展的网络要求，不断开发新的软件才能更好地帮助学生解决问题，从而有利于教师的教和学生的学。教学智能化是教学现代化的发展主流，智能教学系统要充分运用自身的智能功能，充分发挥应有的高性能特点，着重表现高科技手段的巨大作用，进一步推动智能教学系统的发展。

（四）人工智能技术在计算机网络教学中的应用

1. 智能决策支持系统

智能决策支持系统是 DSS（Decision-making Support System，决策支持系统）与 AI 相结合的产物。智能决策系统的德尔基本构件为数据库、模型库、方法库、人及接口等构成，它可以根据人们的需求为人们提供需要的信息与数据，还可以建立或者修改决策系统，并在科学合理地比较基础上进行判断，为决策者提供正确的决策依据。

2. 智能教学专家系统

智能教学专家系统是人工智能技术在计算机网络教学中的应用拓展。它的实现主要是利用计算机对专家教授的教学思维进行模拟，这种模拟具有准确性与高效性，可以实现因材施教，达到教学效果的最佳化，真正实现教学的个性化。同时，还在一定程度上减少了教学的经费支出，节约了教学实施所需要的成本。因此，在计算机网络教学中应当充分利用智能教学专家系统带来的优势，降低教育成本，提高教育质量。

3. 智能导学系统的应用

智能导学系统是在人工智能技术的支持下出现的一种拓展技术，它维持了优良的教学环境，可以保障学生对各种资源进行调用，保障学习的高效率，减轻学生沉重的学习负担。它还具有一定的前瞻性和针对性，能够对学生的问题以及练习进行科学合理的规划，并且可以帮助学生巩固知识，督促学生不断提高。

4．智能仿真技术

智能仿真技术具有灵活性，应用界面十分友好，能够替代仿真专家进行实验设计和设计教学课件，这样能够大大降低教学成本，也可以节省课程开发以及课件设计的时间，缩短课程开发所需要的时间。在未来的计算机网络教学中应当大力发展智能仿真技术，充分利用智能仿真技术带来的机遇，也要对信息进行强有力的辨识。

5．智能硬件网络

智能硬件网络的智能化主要表现在两个方面，首先是操作的智能化，主要包括对网络的系统运行的智能化以及维护和管理的智能化；其次是服务的智能化，服务的智能化主要体现在网络对用户提供多样化的信息处理上。因此，将智能硬件技术应用在计算机网络教学中是提高教学效率的必要选择。

6．智能网络组卷系统

智能网络组卷系统的最大优点就是成本低、效率高、保密性强。因此，它可以根据给的组卷进行试题的生成，对学生进行学分管理，突破了传统的考试模式，节省了教师评卷的时间，是提高学生学习的主动性以及积极性的有效措施。

7．智能信息检索系统

智能信息检索系统主要是帮助学生查找所需要的数据资源，它的智能化系统能够根据使用者平时的搜索记录确定学生的兴趣，并且根据学生的兴趣主动在网络上进行数据搜集。搜索引擎是导航系统的重要组成部分，具有极大地主动性，并且可以根据用户的差异性提出不同的导航建议，是使用者准确地获取信息资源的强大保障。从客观层面上来看，将智能信息检索系统应用于计算机网络教学中也是打造智能引擎、提高搜索效率的必要措施。

人工智能技术在计算机网络教学中的应用至今仍然不成熟，存在很多问题，为了适应时代的发展需要，科学有效地将人工智能技术应用到计算机网络教学中，必须进行不断地探索与创新，切实满足学生的需要，还要科学合理地把先进的科学技术与计算机网络教学结合起来，真正实现计算机网络教学的个性化与高效化，为提高教学效率、促进教学形式的多样化做出贡献。

二、计算机程序设计教学

（一）人工智能时代的计算机程序设计背景

人工智能是研究、开发用于模拟、延伸和扩展人的智能的理论、方法、技术及应用系统的一门新的技术科学。人工智能是计算机科学的一个分支，该领域的研究包括机器人、语音识别、图像识别、自然语言处理和专家系统等。当前人工智能的快速发展主要依赖两大要素：机器学习与大数据。也就是说，在大数据上开展机器学习是实现人工智能的主要方法。而计算机程序设计可视为算法＋数据结构。通过简单地将机器学习映射到算法、将大数据映射到数据结构，可以理解人工智能与计算机程序设计之间存在一定程度上的对应关系。人工智能离不开计算机程序设计，要弄清人工智能时代对计算机程序设计的新需求，需要先对机器学习和大数据有一定的认识。

机器学习是一门研究计算机怎样模拟或实现人类的学习行为以获取新的知识或技能的多领域交叉学科，涉及概率论、统计学、凸分析、算法复杂度理论等多门学科。机器学习是人工智能的核心，包括很多方法，如线性模型、决策树、神经网络、支持向量机、贝叶斯分类器、集成学习、聚类、度量学习、稀疏学习、概率图模型和强化学习等。其中，大部分方法都属于数据驱动，都是通过学习获得数据不同抽象层次的表达，以利于更好地理解和分析数据、挖掘数据隐藏的结构和关系。

深度学习是机器学习的一个分支，由神经网络发展而来，一般特指学习高层数的网络结构。深度学习也包括各种不同的模型，如深度信念网络、自编码器、卷积神经网络、循环神经网络等。深度学习是目前主流的机器学习方法，在图像分类与识别、语音识别等领域都比其他方法表现优异。

作为机器学习的原料，大数据的"大"通常体现在三个方面，即数据量、数据到达的速度和数据类别。数据量大既可以表现为数据的维度高，也可以表现为数据的个数多。对于数据高速到达的情况，需要对应的算法或系统进行有效处理。而多源的、非结构化、多模态等不同类别的特点也对大数据的处理方法带来了挑战。可见，大数据不同于海量数据。在大数据上开展机器学习，可以挖掘出隐藏的有价值的数据关联关系。

对于机器学习中涉及的大量具有一定通用性的算法，需要机器学习专业人士将其封装为软件包，以供各应用领域的研发人员直接调用或在其基础上进行扩展。大数据之上的机器学习意味着很大的计算量。以深度学习为例，需要训练的深度神经网络其层次可以达到上千层，节点间的连结权值可以达到上亿个。为了提高训练和测试的效率，使机器学习能够应用于实际场景，高性能、并行、分布式计算系统是必然的选择。

（二）人工智能时代的计算机程序设计语言

人工智能时代的编程自然以人工智能研究和开发人工智能应用为主要目的。很多编程语言都可以用于人工智能开发，很难说人工智能必须用哪一种语言开发，但并不是每种编程语言都能够为开发人员节省时间及精力。Python 由于简单易用，是人工智能领域中使用最广泛的编程语言之一，它可以无缝地与数据结构和其他常用的 AI 算法一起使用。Python 之所以适合 AI 项目，其实也是基于 Python 的很多有用的库都可以在 AI 中使用。

（三）人工智能时代的计算机程序设计教学

人工智能时代的计算机程序设计教学在高职院校开展的渠道可以分为以下几个方面。

1. 入门语言

入门语言应该容易学习，可以轻松上手，既能传递计算机程序设计的基本思想，也能培养学生对编程的兴趣。因此，宜将 Python 作为入门语言，让学生轻松入门并快速进入应用开发。

2. 数据结构与算法

计算机程序设计＝数据结构＋算法。因此，在学习编程语言的同时或之后，宜选用与入门语言对应的教材。比如，入门语言选 Python 的话，数据结构与算法的教材最好也是 Python 描述。

3. 编程环境

首先，编程环境要尽量友好，简单易用，所见即所得，无须进行大量烦琐的环境配置工作。其次，编程环境要集成度高，一个环境下可以完成整个编程周期的所有工作。再次，编程环境要能够提供跨平台和多编程语言支持。最后，编程环境应提供大量常用的开发包支持。

4. 案例教学

提倡案例教学，即教师在课堂上尽可能结合实际项目开展教学。教学案例既可以是来自教师自己的研发项目，也可以是来自网络的开源项目。案例教学的好处在于学生容易理论联系实际，缩短课本与实际研发的距离。

5. 大作业

实验上机除了常规的基本知识的操作练习外，还应安排至少一个大作业。大作业可以是小组（如 3 名同学）共同完成。这样不但可以锻炼学生学以致用的能力、提升学生学习的成就感，还可以让学生的团队精神和管理能力得到提高，可谓一举多得。大作业的任务应该尽可能来自各领域的实际问题和需求，如果能拿到实际数据更好。

综上，人工智能时代背景下，教师应积极探索计算机程序设计新的教学内容和教学形式。唯有与时俱进、不断创新，才能使高职院校的计算机程序设计教学达到更好的教学效果；才能培养出适应各行各业新需求的研发人才。

参考文献

[1]宋雅娟.Python 语言及其应用[M].北京:清华大学出版社,2022.

[2]邱建林,刘琴琴,陆盈.大学计算机基础(高职)[M].北京:人民邮电出版社,2021.

[3]张万民.计算机导论:第 2 版[M].北京:北京理工大学出版社,2020.

[4]马建普,顾显明,刘庆祥.计算机应用基础:中高职[M].上海:上海交通大学出版社,2019.

[5]李鑫.高职计算机专业教学改革与实践研究[M].北京:北京工业大学出版社,2019.

[6]张华斌,安迪,陈建树.高职计算机课程教学改革研究[M].石家庄:河北人民出版社,2019.

[7]肖睿,胡旻,况少平.计算机网络通信(高职)[M].北京:人民邮电出版社,2019.

[8]付海波.计算机信息技术基础(高职)[M].西安:西安电子科技大学出版社,2019.

[9]殷锋社.计算机网络技术基础与实战(高职)[M].西安:西安电子科技大学出版社,2019.

[10]董倩,李广琴,张惠杰.计算机网络技术及应用[M].成都:电子科技大学出版社,2019.

[11]殷铭.计算机文化基础[M].成都:电子科技大学出版社,2019.

[12]陈立岩,刘亮,徐健.计算机网络技术[M].成都:电子科技大学出版社,2019.

[13]李乔凤,陈双双.计算机应用基础[M].北京:北京理工大学出版社,2019.

[14]赵姝,陈洁.计算机组成与体系结构(第2版)[M].合肥:安徽大学出版社,2019.

[15]宋勇.计算机基础教育课程改革与教学优化[M].北京:北京理工大学出版社,2019.

[16]文琴,邹瑶瑶,姜校.计算机应用基础[M].武汉:华中科技大学出版社,2019.

[17]危光辉.计算机网络基础[M].北京:机械工业出版社,2019.

[18]施炜,朱云峰.高职计算机应用教程[M].成都:电子科技大学出版社,2018.

[19]王雪松.高职计算机基础项目教程[M].武汉:武汉理工大学出版社,2018.

[20]罗雅丽,胡常乐,刘德文.计算机应用基础[M].长沙:湖南教育出版社,2018.

[21]董昶.计算机应用基础[M].北京:北京理工大学出版社,2018.

[22]邹钰.基于"互联网＋OBE理念"的高职计算机应用技术专业核心课程教学改革研究[J].电脑知识与技术(学术版),2023(11):178－180.

[23]傲里泽巴图.信息化背景下高职计算机教学改革研究[J].丝路视野,2023(16):139－141.

[24]李文胜.高职院校计算机专业教学改革的课程设计[J].造纸装备及材料,2022(3):221－223.

[25]刘鸿艳.校企合作在高职计算机专业教学改革中的应用[J].数字化用户,2022(18):267－269.

[26]杨怀磊.就业需求下的高职计算机专业课程教学改革[J].计算机产品与流通,2022(11):212－214.

[27]王桂武,罗红阳.基于"课证融合"的高职计算机应用技术专业教学改革策略[J].移动信息,2022(4):151－153.

[28]邵佳靓,陈威,高和平.新时代劳动教育融入高职计算机类专业的实践研究[J].新教育时代电子杂志(教师版),2022(7):163－165.

[29]徐晶晶.高职计算机网络技术专业模块化教学改革[J].计算机教育，2022(11):103－107.

[30]黄承明.新时代高职院校专业技能训练教学改革研究[J].职业技术教育,2022(17):53－56.

[31]汤东,喻衣鑫.高职院校"信息技术"课程教学改革与实践研究[J].计算机应用文摘,2022(5):4－6.

[32]陆丽婷.大数据背景下高职院校计算机专业教学改革策略研究[J].武当,2022(8):196－198.

[33]马莉莉,曾昭江,曾德生.高职计算机专业卓越创新型人才培养模式的研究与实践[J].信息系统工程,2022(1):165－168.